BEI GRIN MACHT SICH IHR WISSEN BEZAHLT

- Wir veröffentlichen Ihre Hausarbeit, Bachelor- und Masterarbeit

- Ihr eigenes eBook und Buch - weltweit in allen wichtigen Shops

- Verdienen Sie an jedem Verkauf

Jetzt bei www.GRIN.com hochladen und kostenlos publizieren

Bibliografische Information der Deutschen Nationalbibliothek:

Die Deutsche Bibliothek verzeichnet diese Publikation in der Deutschen National-
bibliografie; detaillierte bibliografische Daten sind im Internet über http://dnb.d-
nb.de/ abrufbar.

Impressum:

Copyright © 2012 GRIN Verlag, Open Publishing GmbH
Druck und Bindung: Books on Demand GmbH, Norderstedt Germany
ISBN: 9783656242376

Dieses Buch bei GRIN:

http://www.grin.com/de/e-book/198113/archaeopteryx-die-urvoegel-aus-bayern

Ernst Probst

Archaeopteryx. Die Urvögel aus Bayern

GRIN Verlag

Archaeopteryx-Denkmal bei Solnhofen,
Foto: User „Evergreen“ bei „Wikipedia“

Ernst Probst

ARCHAEOPTERYX

Die Urvögel
aus Bayern

*Dem Stuttgarter Wirbeltierpaläontologen
Dr. Rupert Wild gewidmet,
der ab 1977 meine ersten Gehversuche
in der Paläontologie unterstützte*

INHALT

Vorwort / Seite 9

Wie die Vögel fliegen lernten / Seite 11

Die Urvogel-Funde aus Bayern / Seite 21
Der Abdruck einer Feder / Seite 22
Der erste Urvogel: Das „Londoner Exemplar" / Seite 26
Der zweite Urvogel: Das „Berliner Exemplar" / Seite 32
Der dritte Urvogel: Das „Maxberg-Exemplar"
oder „Opitsch-Exemplar" / Seite 38
Der vierte Urvogel: Das „Haarlemer Exemplar" / Seite 40
Der fünfte Urvogel: Das „Eichstätter Exemplar" / Seite 44
Der sechste Urvogel: Das „Solnhofener Exemplar" / Seite 48
Der siebte Urvogel: Das „Münchener Exemplar" / Seite 50
Der achte Urvogel: Das „Daitinger Exemplar" / Seite 52
Der neunte Urvogel: „Das Exemplar der Familien Ottmann & Steil" / Seite 54
Der zehnte Urvogel: Das „Thermopolis-Exemplar" / Seite 56
Der elfte Urvogel / Seite 60
Der zwölfte Urvogel: Das „Schamhauptener Exemplar" / Seite 62

Skelettfunde von Archaeopteryx / Seite 65

Wie Fossilien entstanden / Seite 67

Die blaue Lagune von Solnhofen / Seite 77

Museen mit Jura-Fossilien / Seite 85

Der Autor / Seite 87

Literatur / Seite 89

Bildquellen / Seite 91

VORWORT

Die geologisch ältesten, meisten und schönsten Urvögel kamen im Gebiet von Solnhofen, Langenaltheim, Eichstätt, Jachenhausen bei Riedenburg, Daiting und Schamhaupten in Bayern zum Vorschein. Dort wurden bisher eine Feder und zwölf Skelette von Urvögeln der ungefähr tauben- oder krähengroßen Gattung *Archaeopteryx* entdeckt. Weitere solche Funde werden sicherlich folgen. Jene Vogelvorfahren aus der späten Jurazeit vor etwa 150 Millionen Jahren hatten Merkmale von Vögeln und von Reptilien. Kennzeichnend für Reptilien sind die bezahnten Kiefer, der saurierartige Bau von Schultergürtel und Becken, die Propor-

tionen der Vorderbeine, die bekrallten Finger, einfach gebaute Rippen ohne Querfortsätze, Bauchrippen und der lange Wirbelschwanz. Mit diesen ältesten bekannten Vogelvorfahren aus der Zeit der Dinosaurier und Flugsaurier befasst sich das Taschenbuch „Archaeopteryx. Die Urvögel aus Bayern" des Wiesbadener Autors Ernst Probst. Manche Laien können sich vermutlich nur schwer vorstellen, dass Vögel aus evolutionsbiologischer Sicht eine Gruppe von hochspezialisierten Dinosauriern und somit Reptilien sind. *Archaeopteryx* kann man heute als Urvogel, als Sauriervogel oder als gefiederten Dinosaurier bezeichnen.

Auf den Bäumen
im Gebiet von Solnhofen und Eichstätt in Bayern
saßen im Jura vor etwa 150 Millionen Jahren
die ersten Vögel.
Gemälde von Rudolf Freund

Wie die Vögel
fliegen lernten

Der erste bekannte Vogel gilt als ein schlechter Flieger. Auf Bäume kletterte er nur gelegentlich an den Stämmen mit Hilfe seiner bekrallten Finger und Zehen empor. Wenn er sich an Früchten, Würmern und Insekten sattgefressen hatte, flatterte er vielleicht im Fallschirmflug zu Boden. Ausgedehnte Luftreisen konnte sich dieses Tier vermutlich nicht erlauben, weil es noch kein knöchernes Brustbein (Sternum) hatte. Für die Flugmuskulatur waren deshalb am Brustkorb wenig Ansatzflächen vorhanden.

Der Urvogel mit dem Gattungsnamen *Archaeopteryx* lebte vor etwa 150 Millionen Jahren gegen Ende der Jurazeit. Von ihm wurden bisher in Bayern zwölf Skelette bzw. Skelettreste und der beidseitige Abdruck einer kleinen Feder gefunden.

Die bayerischen Urvögel hatten mehrere Reptilienmerkmale. Dazu zählen Zähne, Bauchrippen, der lange, aus 22 Wirbeln aufgebaute Schwanz, die Krallen an den ersten drei Fingern und das reptilienähnliche Gehirn. Trotzdem waren diese Tiere mehr als nur fliegende Echsen. Sie besaßen vogeltypische Merkmale wie beispielsweise die modern anmutenden asymmetrischen Schwungfedern und die zu einem Gabelbein verschmolzenen Schlüsselbeine. Einiges, was früher als Vogelcharakteristikum galt, ist inzwischen auch für manche der ab 1995 entdeckten gefiederten Dinosaurier belegt.

Nach den grundlegenden Forschungsergebnissen des amerikanischen Wirbeltier-Paläontologen John H. Ostrom (1928–2005) stammen die Vögel von Dinosauriern ab und sind deshalb deren einzige noch lebende Nachfahren: Genauer gesagt sind es die Coelurosaurier, zweibeinige, meist räuberische Dinosaurier, die im Skelettbau viele Übereinstimmungen mit *Archaeopteryx* aufweisen. Die meisten Wirbeltier-Paläontologen stimmen Ostrom bei, der darüber hinaus die Dinosaurier wie die Krokodile von den Wurzelzähnern der Triaszeit ableitete.

Einige Paläontologen vertreten allerdings die Ansicht, dass die Evolution der Vögel – entgegen der Ansicht Ostroms – nicht über den „Umweg" der

Coelurosaurier verlaufen ist, sondern direkt auf die Wurzelzähner zurückgeht, also auf die Vorfahren der Dinosaurier. Als direkte Ursprungsgruppe werden die Scheinkrokodile angesehen, eine Gruppe der Wurzelzähner.

Bei diesen gibt es kleine, zweifüßige Formen mit verkürzten Vordergliedmaßen, von denen sich die Vögel – über noch unbekannte Zwischenformen – herleiten ließen. Auch der Stuttgarter Wirbeltierpaläontologe Rupert Wild tendiert dazu, den Ursprung der Vögel direkt bei den Wurzelzähnern der Obertrias (vor mehr als 210 Millionen Jahren) zu suchen. Die von Ostrom beobachteten Ähnlichkeiten und Übereinstimmungen im Skelettbau von Coelurosauriern und *Archaeopteryx* wären demnach dadurch bedingt, daß die Coelurosaurier und die frühen Vögel gemeinsam von den Wurzelzähnern abstammten, also nahe verwandt waren. Hierfür gibt es eine Reihe von Argumenten:

– Bipedie (also Zweifüßigkeit – Verkürzung der Vorder- und Verlängerung der Hintergliedmaßen zu Lauffüßen). Sie ist bereits bei frühen Wurzelzähnern entwickelt.

– Geringe Größe bei den Wurzelzähnern und *Archaeopteryx*, aber nur bei wenigen frühen Coelurosauriern.

– Zur Entwicklung des Flugvermögens und der Federbildung war sehr viel Zeit erforderlich. 70 bis 80 Millionen Jahre von der Obertrias bis zum Oberjura wären vielleicht ausreichend. Dann aber müsste die Entwicklung zum Vogel über Coelurosaurier in wesentlich kürzerer Zeit erfolgt sein. Denn der Ursprung der Coelurosaurier liegt in der Obertrias, ihre Blütezeit im Jura. Und *Archaeopteryx* ist im Oberjura bereits als fast fertig ausgebildeter Vogel vorhanden.

– Die Abgrenzung spezialisierter zweifüßiger Wurzelzähner von Coelurosauriern ist in der Obertrias sehr schwierig. Bei manchen für den Ursprung der Vögel in Frage kommenden Formen ist sie umstritten.

– Die Wurzelzähner sind generell weniger spezialisiert als selbst die ältesten Dinosaurier.

Die Abstammung von *Archaeopteryx* ist also umstritten. Nach dieser Gattung kamen weitere Vögel mit bezahnten Kiefern, die Odontognathae. Heutige Vögel haben dagegen keine Zähne mehr. Zwischen den Odontognathae und *Archaeopteryx* ist keine geradlinige Verwandtschaft festzustellen – ebensowenig wie zwischen den fossilen und den modernen Vögeln, den Neornithes. Dies liegt sicher an der Lückenhaftigkeit der Fossildokumentation.

Die Paläontologen streiten auch darüber, ob *Archaeopteryx* tatsächlich der älteste Vogelvorfahr ist. So will ein französischer Forscher in Katalonien (Spanien) einen solchen Vorfahren aus der Triaszeit entdeckt haben (*Cosesaurus*). Deutsche Experten halten dies allerdings für eine Fehlinterpretation. Zudem liegt das Skelett nur als nicht sehr guter Negativabdruck vor. Ernsthafte Konkurrenz macht dem Urvogel aus Bayern dagegen ein Oberschenkelknochen aus dem Oberjura von Nordamerika. Dieser *Palaeopteryx* genannte Fund aus dem Dry-Mesa-Steinbruch in Colorado soll laut Ostrom von einem Vogel stammen. Manche Forscher sehen *Archaeopteryx* als Nebenform der Vögel an – gewissermaßen als einen Seltenzweig. *Archaeopteryx* liegt vielleicht tatsächlich nicht auf der direkten Entwicklungslinie zu den heutigen Vögeln, aber er ist nach wie vor der älteste bislang mit Sicherheit bekannte Vogel.

Das aktive Fliegen hat der Urvogel nicht als erster gelernt. Dies konnten vor ihm schon die Flugsaurier, die sich mit Ruderschlägen ihrer Vordergliedmaßen in der Luft fortbewegten. Um fliegen zu können, benötigt ein Wirbeltier Gliedmaßen, die es zum Ruderflug befähigen, sie müssen eine Verbreiterung aufweisen, mit deren Hilfe eine Gegenkraft gegen die Schwerkraft erzeugt werden kann. Die Verbreiterung der Gliedmaßen – bisher nur von den Vordergliedmaßen bekannt – kann durch Federn erfolgen oder durch eine Flughaut.

Die Federn der Vögel entwickelten sich aus den Hornschuppen der Reptilien, wie man histologisch und embryologisch feststellen kann. „Federähnliche" Gebilde glaubte man bei einem Wurzelzähner aus der Unterordnung der Scheinkrokodile der Untertrias (vor etwa 240 Millionen Jahren) von Kasachstan zu erkennen. Doch handelt es sich hierbei um federähnliche Hornschuppen. Sie liegen in einer Reihe über den Rückenwirbeln.

Archaeopteryx gilt als warmblütig. Hierfür spricht das Federkleid. Außerdem deutet das hochentwickelte Gehirn des Urvogels darauf, dass es gut durchblutet wurde, und zwar von gleichwarmem Blut, um die durch den Flug erzwungene höhere Leistungsfähigkeit überhaupt aufzubringen.

Ein kaltblütiges Tier kann niemals zu jeder Zeit (also auch in der Nacht bei Kühle) aktiv fliegen. Nur ein Gleitflieger wie die heutige „Flugechse" *Draco* aus Indonesien vermag zu gleiten oder zu gleitsegeln (passiver Flug). Aktiver Flug erfordert Warmblütigkeit, schon wegen des hohen Energieverbrauches beim Flug und der damit verbundenen physiologischen Erfordernisse wie Nährstoffzufuhr und Beseitigung der Schlackenstoffe sowie Orientierungs- und Gleichgewichtskoordination beim Flug.

Viele Wissenschaftler gehen davon aus, dass die Vorfahren des Urvogels, die hypothetische *Proavis* (Vorvogel), zunächst nur an den Stämmen von Bäumen emporkletterten und nachdem sich Federn gebildet hatten – von dort auf andere Bäume oder auf den Erdboden flatterten. Der Eichstätter Paläontologe Günter Viohl nimmt dagegen an, dass die Vorfahren der Urvögel öfter Büsche aufsuchten, die sie durch einen

Foto auf Seite 15:

*Gleitflieger Draco sumatranus
von heute
aus Indonesien,
Foto: User „Biophilia curiosus"
bei „Wikipedia"*

*Marine Vögel der Gattung Hesperornis
aus der Oberkreidezeit vor etwa 80 Millionen Jahren,
Gemälde des Berliner Tiermalers
Heinrich Harder (1858–1935)*

Sprung vom Boden erreichen konnten. Dort hätten diese Tiere Insektennahrung gefunden, vielleicht auch ihr Nest gebaut. Aus Sprüngen von Busch zu Busch oder auf den Boden habe sich der aktive Flug entwickelt. Viohls Überlegungen basieren darauf, dass es im Lebensraum von *Archaeopteryx* keine Wälder, sondern höchstens ein Buschland gegeben hat.

John H. Ostrom und andere Wissenschaftler vertraten dagegen die These, dass dem Fliegen ein Läuferstadium voranging. Danach hätten sich an den Vorderextremitäten der Urvogel-Vorfahren allmählich Federn zum Fangen von Beute und zur Wärmeisolierung gebildet. Gegen Ostroms Ansicht lassen sich nach Auffassung verschiedener Paläontologen folgende Argumente anführen:

– Die Krallen an den Fingern der Flügel von *Archaeopteryx* sprechen für das Klettern.

– Der Flügelbau und der breite Federschwanz deuten auf „Fallstart-Flieger" – Tiere also, die zuerst hochkletterten und dann im Fallstart zu Boden oder zu anderen Zielen flatterten und schließlich flogen. Mit den Flügeln von *Archaeopteryx* und seinem breiten Federschwanz kann man sich ein Erheben in die Luft vom Boden aus aerodynamischen Gründen schwer vorstellen. Die Flügelfläche ist als tragendes Element viel zu klein.

– Es gibt kein Wirbeltier, dass das Fliegen oder Gleitfliegen über ein Lauf-

stadium erlangen konnte oder erlangt hat. Dagegen sprechen in erster Linie die Körpergröße und das Gewicht. Selbst bei Insekten ist es ziemlich sicher, dass sie nicht über ein Läuferstadium zum Fliegen kamen.

Die ersten Vögel aus den Oberjura-Plattenkalken von Solnhofen und Eichstätt lebten auf dem Land. Sie sind vermutlich als Kadaver in die Lagunen-Ablagerungen eingeschwemmt worden. Trotzdem findet die von dem Frankfurter Architekten Karl Jäger vertretene Theorie, wonach der Ursprung im Küstengebiet zu suchen sei, kaum Anhänger. Jäger meint, dass die Vogelvorfahren das Fliegen über einen Fallstart ins Wasser entwickelten, wo sie dann die Flügel als Flossen zur Fortbewegung benutzten. Immerhin lebten bereits in der Oberkreide vor etwa 80 Millionen Jahren marine Vögel (wie *Hesperornis*), die nicht flugfähig waren und ihre Flügel wie Pinguine als Flossen gebrauchten.

Noch nicht völlig geklärt ist die Herkunft der Laufvögel (zum Beispiel der Strauße). Waren sie von Anbeginn ihrer Entwicklung schon flugunfähig, oder ist dies eine sekundäre Entwicklung? Allgemein nimmt man an, dass die Laufvögel von flugfähigen Vögeln abstammen und später flugunfähig, also zweibeinig laufend wurden. Die Strauße können deshalb keineswegs als urtümliche primitive Formen angesehen werden, deren Ahnen sich schon nicht in die Luft erheben konnten.

Bild auf Seite 19:

*Zu Lebzeiten der Urvögel in Bayern
im Jura vor etwa 150 Millionen Jahren
existierten in anderen Gegenden Deutschlands
große Raub-Dinosaurier wie Megalosaurus.
Gemälde von Fritz Wendler (1941–1995)
für das Buch „Deutschland in der Urzeit" (1986)
von Ernst Probst*

*Der Frankfurter Paläontologe Hermann von Meyer (1801–1869)
prägte 1861 die wissenschaftliche Bezeichnung Archaeopteryx lithographica.*

Die Urvogel-Funde aus Bayern

Von 1855 bis 2011 wurden in Bayern zwölf fragmentarisch oder sogar mehr oder minder vollständig erhaltene Skelette und ein Federabdruck des Urvogels *Archaeopteryx* entdeckt. Sie kamen im Gebiet von Solnhofen, Langenaltheim, Eichstätt, Jachenhausen bei Riedenburg und Daiting zum Vorschein. Den heute noch üblichen wissenschaftlichen Artnamen *Archaeopterx lithographica* („alte lithographische Feder") hat 1861 der Frankfurter Paläontologe Hermann von Meyer (1801–1869) für den 1860 geborgenen Federabdruck geprägt, den man später auch für die Skelettfunde verwendete.

Auf den nachfolgenden Seiten werden die bisherigen *Archaeopteryx*-Funde aus Bayern in der Reihenfolge, in der sie bekannt oder wissenschaftlich beschrieben wurden, in Wort und Bild vorgestellt. Die meisten dieser Urvögel sind nach ihrem jeweiligen Aufbewahrungs- oder Fundort bezeichnet. So gibt es beispielsweise ein „Londoner Exemplar", „Berliner Exemplar", „Maxberg-Exemplar", „Haarlemer Exemplar", „Eichstätter Exemplar", „Solnhofener Exemplar", „Daitinger Exemplar", „Münchener Exemplar", „Thermopolis-Exemplar" und „Schamhauptener Exemplar".

Der Abdruck
einer Feder

1860 erkannten Arbeiter im Kohler'schen Anteil des Gemeindesteinbruches von Solnhofen (Mittelfranken) auf zwei ursprünglich aufeinanderliegenden Gesteinsplatten den schwarzen Positiv- und Negativabdruck einer etwa sechs Zentimeter langen Vogelfeder. Dieser Fund, den manche Experten für eine Fälschung hielten, wurde dem Frankfurter Paläontologen Hermann von Meyer zur Begutachung zugeschickt. Meyer erkannte sofort die wissenschaftliche Bedeutung dieses eher unscheinbaren Fossils. Denn dabei handelte es sich um den ersten Beleg dafür, dass bereits im Erdmittelalter, genauer gesagt in der Jurazeit, Vögel existiert hatten. Die ältesten Vogelreste, die man bis dahin kannte, stammten aus dem Tertiär und waren geologisch merklich jünger. Meyer ging bei der Untersuchung des Fundes mit großer Sorgfalt vor. Er prüfte, ob es sich wirklich um Solnhofener Gestein und um eine Vogelfeder und nicht etwa um eine Fälschung handelte. 1861 bestätigte er in einem Brief an das „Neue Jahrbuch für Mineralogie, Geologie und Paläontologie" die Echtheit des Fossils. Für den Fund schlug er den Namen „*Archaeopteryx lithographica*" vor. „*Archaeopteryx*" heißt „alte Feder". Den Gattungsnamen *Archaeopteryx* erhielten später auch die Skelettfunde der

Foto auf Seite 23:

*Federabdruck des Urvogels Archaeopteryx auf der Negativplatte
aus dem Kohler'schen Anteil des Gemeindesteinbruches von Solnhofen
(heute Landkreis Weißenburg-Gunzenhausen) in Mittelfranken,
Original in der Bayerischen Staatssammlung
für Paläontologie und Geologie, München,
Foto: H. Raab (User „Vesta" bei „Wikipedia")*

Urvögel. Der Artname *lithographica* nimmt darauf Bezug, dass das Solnhofener Gestein hervorragend für die Lithographie (Steindruck) geeignet ist. Da der wissenschaftliche Begriff *Archaeopteryx* weiblich ist, muss es korrekt „die" *Archaeopteryx* heißen, was von Laien oft nicht beachtet wird. Von den beiden Platten, auf denen die Feder eines Urvogels überliefert ist, wird die Positivplatte mit dem besser erhaltenen Fossil im Museum für Naturkunde der Humboldt-Universität Berlin und die Negativplatte in der Bayerischen Staatssammlung für Paläontologie und Geologie in München aufbewahrt. Ob die 1860 entdeckte Vogelfeder von einer *Archaeopteryx* oder von einem anderen Vogelvorfahren stammt, ist nicht ganz sicher. Früher hieß es, einen Vogel erkenne man an seinen Federn. Doch ab 1995 hat man in China immer mehr mit Federn ausgestattete Dinosaurier entdeckt.

Vogelähnlicher Dinosaurier Anchiornis aus China mit Federn an Armen und Beinen. Er stammt aus dem Oberjura vor etwa 161 bis 151 Millionen Jahren und ist etwas älter als Archaeopteryx. Zeichnung: Matt Martyniuk bei „Wikipedia"

Lebensbild von Urvögeln
der Gattung Archaeopteryx
des Berliner Tiermalers
Heinrich Harder (1858–1935)

Der erste Urvogel:
Das „Londoner Exemplar"

1861 stießen Arbeiter im Ottmann'schen Steinbruch auf der Langenaltheimer Haardt in der Nähe von Solnhofen (Mittelfranken) etwa 20 Meter unter der Erdoberfläche auf zwei Gesteinsplatten mit Skelettresten eines kleinen Wirbeltieres ohne Kopf. Das Besondere an ihm waren gut erkennbare Federabdrücke, zwei Flügel und ein langer, mit Federn bekleideter Schwanz.

Diese Rarität erhielt der Kreisarzt Carl Friedrich Häberlein (1787–1871) aus Pappenheim, der häufig von Patienten mit Fossilfunden bezahlt wurde. Da er eine große Familie hatte (zu dieser Zeit lebten von den elf Kindern seiner zweiten Frau noch zwei Söhne und sechs Töchter) und die Versteinerungen für ihn ein totes Kapital waren, wollte Häberlein das bedeutsame Fossil von Anfang an verkaufen. Weil er offenbar fürchtete, eine Abbildung und Beschreibung des geheimnisumwitterten Objektes könne preismindernd sein, erlaubte er niemand, eine Zeichnung anzufertigen. Daher war die wissenschaftliche Fachwelt vorerst nur auf die mündlichen Schilderungen einiger Personen angewiesen, die das Fundstück kurz betrachten hatten dürfen.

Zu den Kaufinteressenten zählte auch der Konservator der Bayerischen Staatssammlung in München, Andre-

Foto auf Seite 27:

„Londoner Exemplar" des Urvogels Archaeopteryx
von der Langenaltheimer Haardt unweit von Solnhofen
(Landkreis Weißenburg-Gunzenhausen) in Mittelfranken.
Das Skelett ist in Rückenlage überliefert.
Original im Natural History Museum in London nicht öffentlich ausgestellt,
Foto: User „Lady of Hats" bei „Wikipedia"

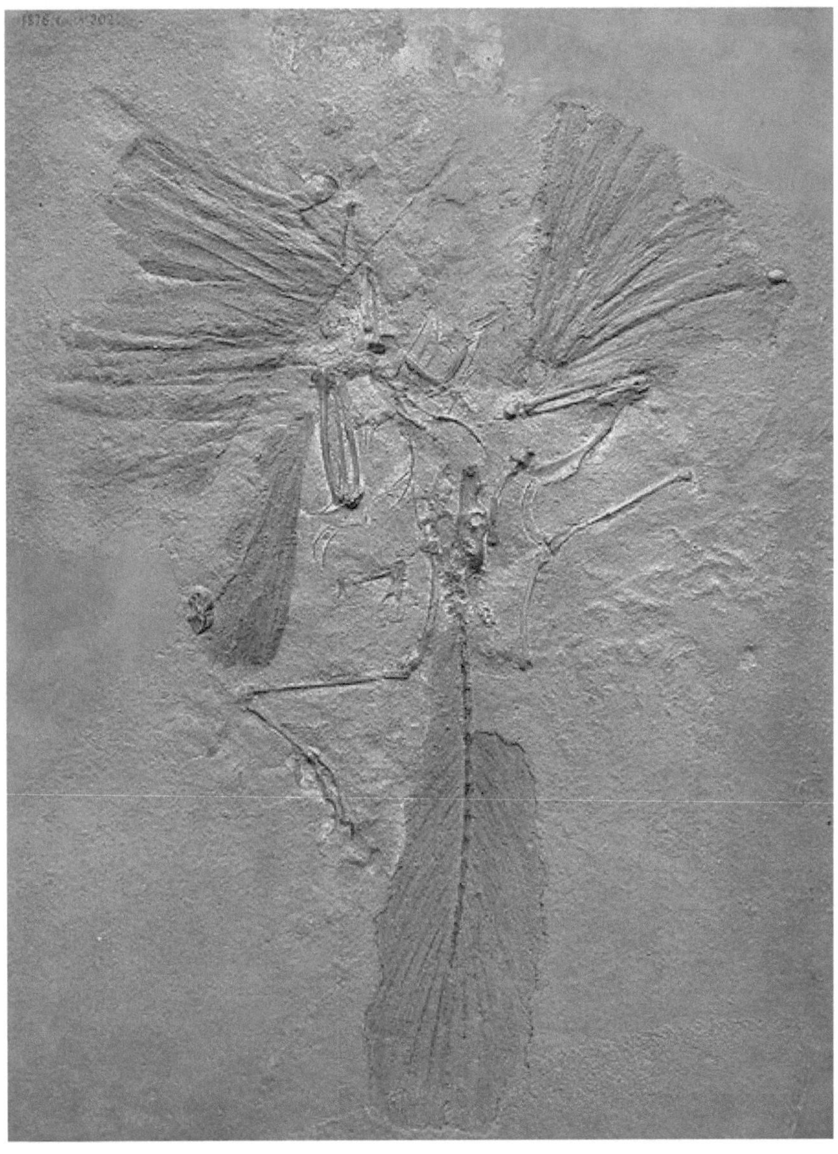

Kreisarzt Carl Friedrich Häberlein
(1787–1871) aus Pappenheim

Londoner Paläontologe
Richard Owen (1804–1892)

as Wagner (1797–1861), der die Fische und Saurier aus der Gegend von Solnhofen erforschte. Ihn hatte im Sommer 1861 der Oberjustizrat Friedrich Ernst Witte (1803–1872) aus Hannover, der das seltene Fossil kurz in Augenschein hatte nehmen dürfen, auf das erdgeschichtlich wertvolle Dokument aufmerksam gemacht und zu dessen Erwerb geraten.

Wagner sandte im Herbst 1861 seinen Assistenten Albert Oppel (1831–1865) nach Pappenheim, der dort den spektakulären Fund besichtigen sollte. Oppel prägte sich bei einer stundenlangen Betrachtung alle Einzelheiten des Fossils so gut ein, dass er hinterher aus seiner Erinnerung eine frappierend naturgetreue Zeichnung entwerfen konnte. Aufgrund dieser Skizze veröffentlichte Wagner eine Mitteilung über den Solnhofener Fund und nannte ihn *Griphosaurus* („Rätselsaurier").

Wagners Beschreibung des „Rätselsauriers" – auch „Greifenechse" genannt – bekam der Direktor des Britischen Museums in London, Richard Owen (1804–1892), zu Gesicht. Dieser war immer auf Erweiterung der Fossiliensammlung um bedeutende Funde bedacht und schnell an einem Kauf des merkwürdigen Objektes aus Bayern interessiert. Am 2. Februar 1862 fragte daher der Konservator der geologischen Abteilung des Britischen Museums, der Zoologe George Robert Waterhouse (1810–1888), schriftlich bei Häberlein an, ob dieser den Fund

an das Britische Museum verkaufen würde. Der Pappenheimer Landarzt zeigte sich in seinem Antwortbrief vom 21. März 1862 nicht abgeneigt. Er schlug vor, ein Mitglied des Museums solle ihn besuchen und seine zum Verkauf stehende Sammlung begutachten. Waterhouse erkundigte sich brieflich am 29. März nach dem Preis der gesamten Sammlung Solnhofener Fossilien einschließlich des „Rätselsauriers". Häberlein verlangte 750 Pfund Sterling, war aber bereit, seine Forderung zu reduzieren, wenn nur ein Teil der Sammlung erworben werden sollte. Die Kuratoren des Britischen Museums beauftragten Mitte Juni 1862 Waterhouse, er solle nach Pappenheim reisen und Fossilien für nicht mehr als 500 Pfund erwerben.

Häberlein ging auf dieses persönlich von Waterhouse in Pappenheim unterbreitete Angebot nicht ein. Der Konservator musste erfolglos nach London zurückkehren. Owen notierte am 17. Juli 1862 in seinem Tagebuch: „Der alte deutsche Doktor hält hartnäckig an seinem Preis fest. Mr. Waterhouse ist mit leeren Händen zurückgekehrt. Wir sollten uns das Fossil nicht entgehen lassen." Am 10. Juli 1862 teilte Häberlein in einem Brief an das Britische Museum mit, dass er für seine Sammlung 700 Pfund haben wolle. Den Preis für die von Waterhouse getroffene Auswahl bezifferte er auf 650 Pfund. Owen riet dem Verwaltungsausschuss des Britischen Museums, diese Summe zu akzeptieren. Doch der lehnte es ab, 400 Pfund vom laufenden Jahreshaushalt zu entnehmen und weitere 300 Pfund vom nächsten Etat. Der Verwaltungsausschuss hatte Bedenken, einer Zahlung zuzustimmen, die noch nicht vom Parlament bewilligt war.

Ungeachtet dessen verhandelte Waterhouse weiter mit Häberlein. Er machte dem Pappenheimer Arzt das Angebot, dass ein Teil der Sammlung, einschließlich des gefiederten Fossils, sofort für 450 Pfund gekauft werden sollte. Diese Summe lag bereit und überschritt nicht den vom Kuratorium festgelegten Höchstbetrag. Im Jahr darauf sollte der Rest der Sammlung für 250 Pfund erworben werden. Häberlein nahm am 26. August 1862 die Offerte an. Am 13. September wurden die Kisten mit dem ersten Teil der Solnhofener Fossilien von Augsburg aus abgeschickt, im Britischen Museum traf die kostbare Fracht am 1. Oktober wohlbehalten ein. Im Jahr darauf wurde der zweite Teil des Geschäftes abgeschlossen. Insgesamt wechselten 1703 Fossilien den Besitzer. Der im Britischen Museum aufbewahrte Urvogel heißt „Londoner Exemplar".

Der aufsehenerregendste Fossilfund jener Zeit wurde von Richard Owen, der ein erklärter Gegner der Abstammungslehre des Naturforschers Charles Darwin (1809–1882) war, wissenschaftlich untersucht und 1863 beschrieben. Wegen des langen Schwanzes des „Londoner Exemplars" schlug er für dieses den wissenschaftlichen Namen *Archaeopteryx macrura* vor. Der Artname *macrura* heißt zu deutsch „langschwänzig". Die eigentliche Bedeutung des Urvogels als eine Übergangsform zwischen Reptil und Vogel erkannte 1868 der Londoner Zoologe Thomas Henry Huxley (1825–1895), einer der ersten Naturwissenschaftler, der die Evolutionstheorie von Charles Darwin vertrat.

Die 1861 bei Langenaltheim entdeckte *Archaeopteryx* galt lange Zeit als erster Urvogelfund in Bayern, weil man das bereits 1855 in Jachenhausen bei Riedenburg geborgene „Haarlemer Exemplar" bis 1970 als Flugsaurier verkannte.

Urvogel Archaeopteryx mit schwarzem Federkleid.
Untersuchungen des 1860 in Solnhofen entdeckten Federabdrucks ergaben,
dass Archaeopteryx schwarze Federn trug.
Rekonstruktion von Nobu Tamura

Der zweite Urvogel:
Das „Berliner Exemplar"

Die Entdeckungsgeschichte des wertvollsten Fossils aller Zeiten wurde lange Zeit falsch geschildert. Früher hieß es, der heute in der Fachliteratur wegen seines Aufwahrungsortes als „Berliner Exemplar" bezeichnete Urvogel sei im Herbst 1876 von dem Landwirt und Gastwirt Johann Dörr (1841–1915) auf dem Blumenberg bei Eichstätt (Oberbayern) entdeckt worden. Doch im Frühjahr 2005 informierte die Eichstätter Steinbruchbesitzerin und Firmenleiterin Gunda Mayer den Fossilien-Experten und anerkannten Urvogel-Forscher Helmut Tischlinger aus Stammham, wie es wirklich war. Der Schilderung von Frau Mayer zufolge hat ihr Urgroßvater, der Landwirt, Steinbruch- und Sandgrubenbesitzer

Jakob Niemeyer (1839–1906), genannt „Sandjakl", aus dem Ort Blumenberg (heute ein Stadtteil von Eichstätt), vermutlich schon 1875 oder sogar 1874 in seinem Steinbruch den Urvogel geborgen. Tischlinger recherchierte, dass Dörr zum Zeitpunkt dieser Entdeckung noch gar keinen Steinbruch besessen hatte. Niemeyer, dessen einzige Kuh gerade verendet war, verkaufte den Fund für eine Kuh zum damaligen Wert von 150 bis 180 Mark an seinen Nachbarn Josef Dörr, der das noch im Stein verborgene Fossil als Flugsaurier fehldeutete. Dörr veräußerte den Fund für 300 Mark an den Steuerberater Ernst Otto Häberlein (1819–1896) aus Weidenbach bei Ansbach. Letzterer war der Sohn des 1871 verstorbenen Pappen-

Foto auf Seite 33:

„Berliner Exemplar" des Urvogels Archaeopteryx
vom Blumenberg bei Eichstätt in Oberbayern,
Original im Museum für Naturkunde in Berlin ausgestellt,
Foto: H. Raab (User „Vesta" bei „Wikipedia")

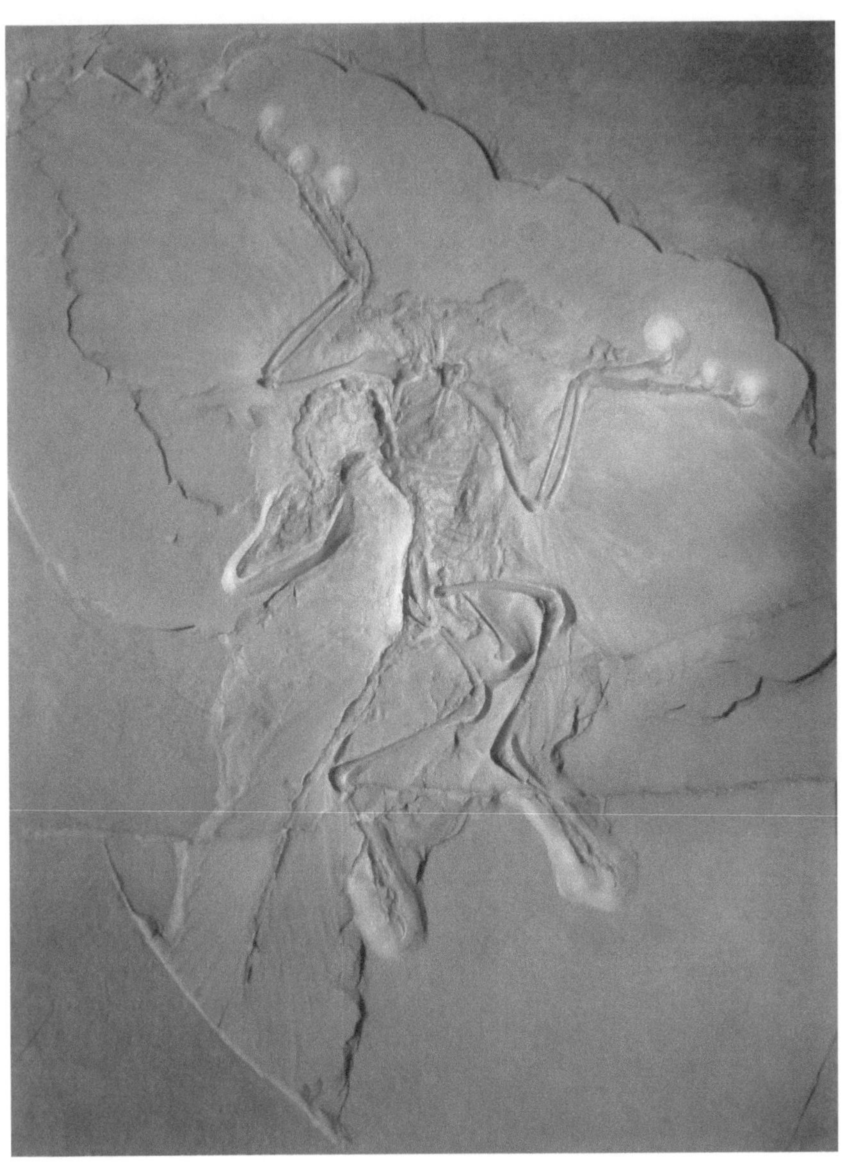

Steuerberater Ernst Otto Häberlein
(1819–1896) aus Weidenbach

Physiker und Erfinder
Werner von Siemens (1816–1892)

heimer Landarztes Carl Friedrich Häberlein, der den 1961 entdeckten Urvogel („Londoner Exemplar") an das Britische Museum in London verkauft hatte. Der Steuerberater präparierte das von einer dünnen Gesteinsschicht bedeckte Fossil vorbildlich, bemerkte als erster Federabdrücke und seine wahre Natur als Urvogel.

Weil er daran interessiert war, dass die aufsehenerregende Entdeckung nicht ins Ausland ging, schloss Ernst Oto Häberlein mit Otto Volger (1822–1897), dem Obmann des „Freien Deutschen Hochstifts" in Frankfurt am Main, einem Institut zur Pflege der Wissenschaft, Kunst und Bildung, einen Vertrag ab. Darin verpflichtete er sich, Volger „zum Zwecke der Vermittlung des Ankaufs für das Freie Deutsche Hochstift selbst oder irgendeine andere deutsche Körperschaft für die Dauer von sechs Monaten" das Fossil zu überlassen. Niemand durfte Kopien, Zeichnungen oder Fotos herstellen. Als Kaufsumme für den Urvogel und andere Fossilien aus Solnhofen wurden 36000 Mark genannt.

Das halbe Jahr ging um, ohne dass es zum Verkauf kam. Die Frist wurde verlängert, doch es fand sich kein zahlungskräftiger Interessent. Ernst Otto Häberlein nahm die *Archaeopteryx* wieder zurück und bot sie verschiedenen Museen an, denen jedoch die erforderlichen Mittel fehlten. Als Häberlein seine Sammlung inklusive *Archaeopteryx* dem preußischen Kultus-

ministerium zum mittlerweile auf 26000 Goldmark reduzierten Preis anbot, besichtigte der Direktor des Mineralogischen Museums an der Berliner Humboldt-Universität, Geheimrat Heinrich Ernst Beyrich (1815–1896), den Urvogel. Er riet zum Ankauf, doch standen die nötigen Mittel nicht sofort bereit. Viele Wissenschaftler baten damals die deutsche Reichsregierung, die wertvolle Versteinerung nicht wie den Vorgängerfund aus dem Land zu lassen. Am meisten erregte sich der 1848 aus politischen Gründen nach Genf emigrierte Zoologieprofessor Carl Vogt (1817–1895) über das Desinteresse Wilhelms I.: „Seine Majestät haben sich auf diese Äußerungen nicht eingelassen", polemisierte er. „Ja, wenn es sich statt um einen Vogel um ein versteinertes Geschütz gehandelt hätte!"

Im April 1880 erfuhr der Physiker und Erfinder Werner von Siemens (1816–1892), wie schwierig es für ein deutsches Museum war, den wissenschaftlich wertvollen Fund zu erwerben. Als der Kustos der Berliner geologisch-paläontologischen Sammlung, Wilhelm D. Dames (1843–1898), den Gedanken vortrug, Siemens solle diese *Archaeopteryx* erwerben und dem Kultusministerium die Möglichkeit des Rückkaufes für ein Jahr offenhalten, willigte der Industrielle ein. Er kaufte den Urvogel zum nunmehr ermäßigten Preis von 20000 Goldmark, was einer heutigen Kaufkraft von mindestens 500.000 bis einer Million Euro entspricht. Großzügigerweise ließ er sogar die *Archaeopteryx* vor der endgültigen finanziellen Regelung im damaligen kgl. Mineralogischen Museum der Universität Berlin ausstellen. Seitdem wird dieser Urvogel „Berliner Exemplar" genannt. Am 8. Februar 1881 bat der preußische Kultusminister Robert von Puttkamer (1828–1900) dann Werner von Siemens, den Preis von 20000 Goldmark in zwei Raten von je 10000 Goldmark im April 1881 und im April 1882 zahlen zu dürfen, worauf der Industrielle einging.

Das „Berliner Exemplar" wurde 1884 von Wilhelm D. Dames, der ein Schüler des bedeutenden Breslauer Geologen Karl Ferdinand Roemer (1818–1891) war, als *Archaeopteryx siemensii* beschrieben. Der serbische Forscher Branislav Petronievics (1875–1954) benannte es 1917 um in *Archaeornis siemensii*. Nach weiteren Untersuchungen des früheren Direktors des Britischen Museums in London, Sir Gavin de Beer (1899–1972), von 1954 neigte man wieder dazu, das „Londoner Exemplar" und das „Berliner Exemplar" der gleichen Gattung und Art, nämlich *Archaeopteryx lithographica*, zuzuordnen.

Gegen Ende des Zweiten Weltkrieges wurde das „Berliner Exemplar" sowohl vor der Zerstörung bei Luftangriffen sowie vor dem Abtransport nach Russland bewahrt. Als die Bombardements in Berlin zunahmen, entfernte man im Museumskeller einige Bodenplatten, hob eine Grube aus, versenkte darin den Urvogel in einer feuerfesten Stahlkassette zusammen mit dem Kopf eines riesigen Dinosauriers aus Afrika. Danach tarnte man das Versteck mit Sand und Bodenplatten so gut, dass es bei Kriegsende nicht aufspürbar war. Das „Berliner Exemplar" blieb von der Kiefer- bis zur Schwanzspitze erhalten. In diesem Fall ist ein Urvogel fossil überliefert worden, der bei seiner Einbettung in den Bodenschlamm des Oberjura-Meeres noch nicht zerfallen war. Alle Knochen befinden sich noch in natürlicher Position. Es handelt sich um den ersten *Archaeopteryx*-Fund, bei dem der bezahnte Kopf noch vorhanden war. Wie bei Vogelleichen üblich, krümmt sich der Hals mit dem Kopf rückwärts. Auf der Hauptplatte sind die Flügel mit dem Abdruck des Gefieders symmetrisch ausgebreitet. Aus dem Flügel ragen jeweils die drei Finger jeder Hand mit scharfen Krallen heraus. Die Hinterbeine sind fast in Laufstellung erhalten. Am langen, echsenartigen Wirbelschwanz befindet sich ein langer und breiter Schwanzfächer. Die Gegenplatte enthält kaum Knochenreste.

2003, 2004 und 2005 nahm der Urvogel-Experte Helmut Tischlinger am Schultergürtel des „Berliner Exemplars" umfangreiche Untersuchungen unter langwelligem ultravioletten Licht mit einer verbesserten Filterungstechnik vor. Dabei konnte er mehrere bislang unklare Einzelheiten des Ske-

Lebensbild von Urvögeln
der Gattung Archaeopteryx
des Berliner Tiermalers
Heinrich Harder (1858–1935)

lettbaus unterscheiden und wissenschaftlich beschreiben. Untersuchungen am Schultergürtel des „Berliner Exemplars" durch Tischlinger zeigten, dass dieser Urvogel nicht gut und ausdauernd fliegen konnte. Er habe eher wie ein Hühnervogel gelebt. Überraschenderweise stellte sich zudem heraus, dass die Reste der Federn nicht nur als Abdruck, sondern stellenweise auch als dunkler Substanzfilm erhalten sind. Die Federreste stimmen in ihrem Bau mit Federn moderner Vögel überein. Tischlinger vermutet, der Urvogel sei rebhuhnfarben gemustert gewesen. Andere Forscher dagegen zogen später nach Untersuchungen des 1860 entdeckten Federabdrucks den Schluss, *Archaepteryx* habe schwarze Federn getragen.

Der dritte Urvogel:
Das „Maxberg-Exemplar"
oder „Opitsch-Exemplar"

Im Steinbruch von Eduard Opitsch (1900–1991) auf der Langenaltheimer Haardt unweit von Solnhofen (Mittelfranken) wurde 1956 ein fragmentarisch erhaltenes Urvogel-Skelett ohne Kopf und mit nur unscharf erkennbaren Federabdrücken entdeckt. Dieser Fund umfasste die Positiv- und die Negativplatte. Anfangs wusste der Steinbruchbesitzer noch nicht, worum es sich eigentlich handelte. Im Spätherbst 1958 zeigte Opitsch dem Erlanger Diplom-Geologen Klaus Fesefeldt, der damals Solnhofener Schichten wissenschaftlich untersuchte, seinen Fund. Der Geologe erkannte, dass es eine *Archaeopteryx* war. Eine wissenschaftliche Beschreibung erfolgte 1959 durch den Paläontologen Florian Heller (1905–1978) vom Geologischen Institut der Universität Erlangen. Offenbar war diese Urvogel-Leiche längere Zeit im Wasser getrieben und der Kopf bereits abgefallen, bevor der Kadaver auf den Boden des Oberjura-Meeres sank. Die Flügel waren aus ihrer natürlichen Lage verschoben und die Hinterbeine auseinandergefallen. Schwach erkennbar sind Abdrücke der Befiederung. Das so genannte „Opitsch-Exemplar" war 18 Jahre lang im Museum des „Solenhofener Aktien-Vereins" auf dem Maxberg ausgestellt und wird deswegen „Maxberg-Exemplar" genannt. Jener Urvogel wurde 1974 von dem Steinbruchbesitzer Eduard Opitsch aus dem Maxberg-Museum abgeholt und war fortan der Wissenschaft nicht mehr zugänglich. Angeblich hatte er sich über eine Bemerkung über die schlechte Erhaltung seiner *Archaeopteryx* geärgert. Seit dem Tod von Opitsch im Jahre 1991 gilt dieser Urvogel als verschollen. Ermittlungen der Staatsanwaltschaft verliefen ergebnislos. Es wurde spekuliert, Opitsch habe seine *Archaeopteryx* an einem heute nicht mehr bekannten Ort versteckt oder an einen bislang unbekannten Sammler verkauft. Manche Einwohner von Solnhofen äußerten sogar den Verdacht, Opitsch könne den Urvogel-Fund zerstört haben, um zu verhindern, dass er seinen Erben in die Hände falle.

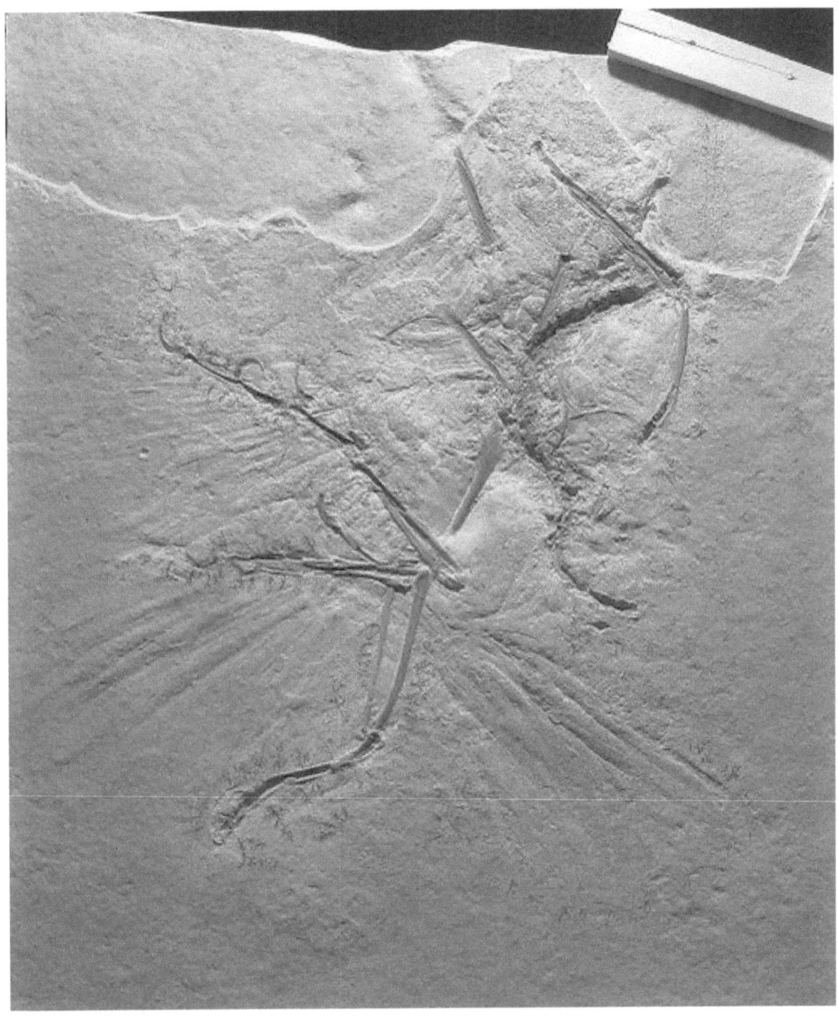

Verschollenes „Maxberg-Exemplar" bzw. „Opitsch-Exemplar"
des Urvogels Archaeopteryx
von der Langenaltheimer Haardt unweit von Solnhofen in Mittelfranken,
Foto: H. Raab (User „Vesta" bei „Wikipedia")

Der vierte Urvogel:
Das „Haarlemer Exemplar"

Bereits 1855 wurde in einem Steinbruch von Jachenhausen unweit von Riedenburg (Niederbayern) ein Urvogel entdeckt, aber nicht als solcher erkannt. Dabei handelte es sich um ein fragmentarisch erhaltenes Skelett ohne Kopf auf zwei Platten. Der damals führende deutsche Wirbeltier-Paläontologe Hermann von Meyer in Frankfurt am Main beschrieb dieses Fossil 1857 kurz und deutete es irrtümlich als Flugsaurier, den er *Pterodactylus crassipes* nannte. Den Artnamen *crassipes* (Dickfuß) wählte er wegen der dicken Füße des Fossils. 1859 veröffentlichte Meyer eine genauere Beschreibung. 1860 verkaufte er den Fund an das Teyler-Museum in der niederländischen Stadt Haarlem. Das Teyler-Museum gilt als der älteste Museumsbau der Niederlande. Es ist nach Pieter Teyler van der Hulst (1702–1778), dem begüterten Eigentümer einer Seidenspinnerei, benannt. Dieser hatte 1778, als er kinderlos starb, sein Vermögen einer Stiftung hinterlassen, die seinen Namen tragen und der Förderung der christlichen Religion sowie der Kunst und den Wissenschaften für die Allgemeineheit dienen sollte. Bereits zwei Jahre nach seinem Tod wurde 1780 neben seinem ehemaligen Wohnhaus der Grundstein für einen Museumsbau gelegt, der im Kern bis heute erhalten blieb. Das Mineralogisch-Paläontologische Kabinett des Teyler-Museums erwarb unter anderem viele Solnhofener Fossilien wie Insekten, Tintenfische, Krebse, Fische und Flugsaurier. Im Teyler-Museum war der Urvogel-Fund („Haarlemer Exemplar") über ein Jahrhundert lang unter falschem Namen als Flugsaurier ausgestellt. Seine wahre Natur als Urvogel erkannte am 8. September 1970 der amerikanische Paläontologe John H. Ostrom, der damals Flugsaurier im Teyler-Museum untersuchte. Ihm erschienen die Knochen der Hinterbeine für einen kurzschwänzigen Flugsaurier der Gattung *Pterodactylus* zu kräftig. Außerdem erkannte er bei schräger Beleuchtung schwache Federeindrücke. Nach Vergleichen mit anderen Urvogel-Funden war klar, dass es sich bei dem in Haarlem aufbewahrten Fossil um eine *Archaeopteryx* handelte.

*„Haarlemer Exemplar" des Urvogels Archaeopteryx
aus Jachenhausen bei Riedenburg (Kreis Kelheim) in Niederbayern,
Original im Teyler-Museum in Haarlem (Niederlande) ausgestellt,
Foto: User „MWAK" bei „Wikipedia"*

Nach den Prioritätsregeln bei der Benennung von Fossilien hätte der 1861 von Herrmann von Meyer geprägte Artname *lithographica* durch den bereits 1857 von ihm vorgeschlagenen älteren Artnamen *crassipes* ersetzt werden müssen. Doch dank des energischen Einsatzes von John H. Ostrom wurde dies verhindert. Beim „Haarlemer Exemplar" sind Knochen oder Abdrücke der linken Hand und des Unterarmes, des Beckens, beider Hinterbeine und Füße sowie einige Bauchrippen erhalten. Weil dieses Fossil erst 1970 als *Archaeopteryx* identifiziert wurde, bezeichnet man es als vierten Urvogel, obwohl es eigentlich der erste Fund war.

Foto auf Seite 43:

*Das Teyler-Museum in Haarlem
gilt als ältester Museumsbau der Niederlande.
In diesem geschichtsträchtigen Museum
wird das 1855 entdeckte „Haarlemer Exemplar"
des Urvogels Archaeopteryx aufbewahrt.
Foto: User „Donaldytong" bei „Wikipedia"*

Der fünfte Urvogel:
Das „Eichstätter Exemplar"

Der Steinbruchbesitzer Xaver Frey entdeckte 1951 in seinem Steinbruch auf der Petershöhe bei Workerszell unweit von Eichstätt (Oberbayern) ein kleines fossiles Skelett, das auf mehreren Plattenbruchstücken überliefert war. Frey hielt dieses Fossil für einen Flugsaurier wie *Rhamphorhynchus*. Im März 1951 bot Frey seinen Fund dem Leiter der Naturwissenschaftlichen Sammlungen des Bischöflichen Seminars in Eichstätt, Professor Franz Xaver Mayr (1887–1974), zum Kauf an. Ihm erschien dieses Fossil zunächst wie ein kleines Reptil ähnlich dem Raub-Dinosaurier *Compsognathus*. Nach dem Tod des Steinbruchbesitzers einigte sich Professor Mayr mit dessen Familie darüber, dass der wissenschaftlich wertvolle Fund „nicht Gegenstand finanzieller Spekulationen werden, sondern der Eichstätter Heimat erhalten bleiben und in dem geplanten Museum auf der Willibaldsburg über Eichstätt als Glanzstück ausgestellt werden solle". Erst nach dem Kauf des Fundes wurde dieser eindeutig als *Archaeopteryx* erkannt. Bei seitlicher

Beleuchtung des Fossils fielen schwache Abdrücke des Federkleides auf. Ein Jahr vor seinem Tod veröffentlichte Mayr in der „Paläontologischen Zeitschrift" den Beitrag „Ein neuer Archaeopteryx-Fund", durch den die Wissenschaft mehr als 20 Jahre nach der Entdeckung erstmals von dieser *Archaeopteryx* erfuhr. „Die späte Veröffentlichung des neuen Urvogel-Fundes steht im Zusammenhang mit den jahrelang sich hinziehenden Verhandlungen über den Museumsplan, der aber jetzt gesichert erscheint", erklärte Mayr. 1974 beschrieb der Hauptkonservator der Bayerischen Staatssammlung für Paläontologie und historische Geologie in München, Peter Wellnhofer, diesen Fund. Das Fossil wird seit 1976 im damals eröffneten Jura-Museum auf der Willibaldsburg in Eichstätt aufbewahrt. Die Eröffnung dieses Museums hat Mayr nicht mehr erlebt. Das „Eichstätter Exemplar" ist der erste Urvogel, den man im Fundland Bayern ausgestellt hat. Beim „Eichstätter Exemplar" blieb der Kopf sehr gut erhalten. In seiner großen Au-

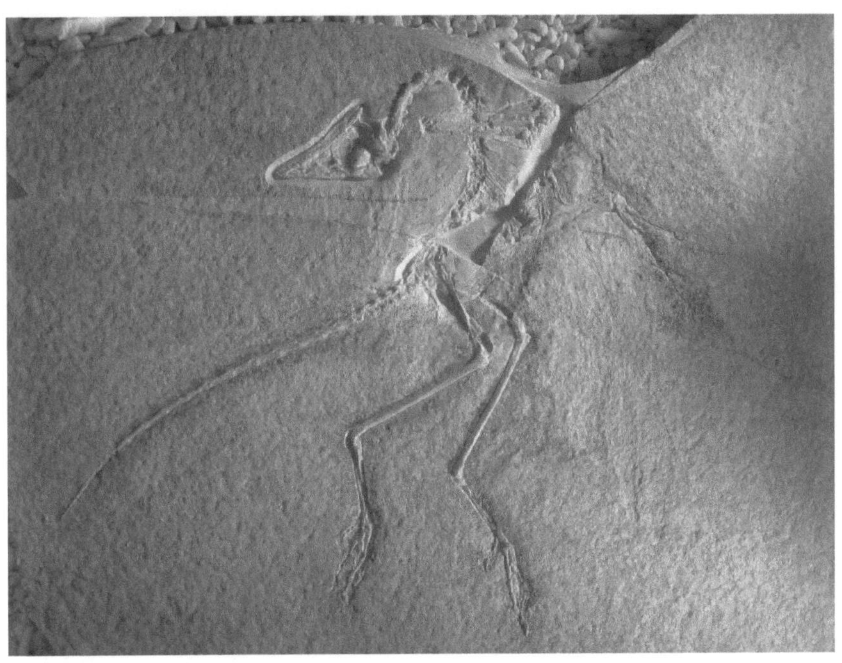

„Eichstätter Exemplar" des Urvogels Archaeopteryx
von der Petershöhe bei Workerszell unweit von Eichstätt in Oberbayern,
Original im Jura-Museum in Eichstätt ausgestellt,
Foto: H. Raab (User „Vesta" bei „Wikipedia")

genhöhle kann man einen Ring aus kleinen Knochenplättchen erkennen, der das Auge schützte. Solche Augenringe besaßen auch Fischsaurier und Flugsaurier, aber auch manche heutige Vögel weisen sie auf. Deutlich sichtbar sind die kleinen, spitzen Zähne in den Kiefern, die als Sauriermerkmal gelten. Der Schädelhohlraum, in dem sich das Gehirn befand, zeigt, dass *Archaeopteryx* noch kein typisches Vogelgehirn besaß.

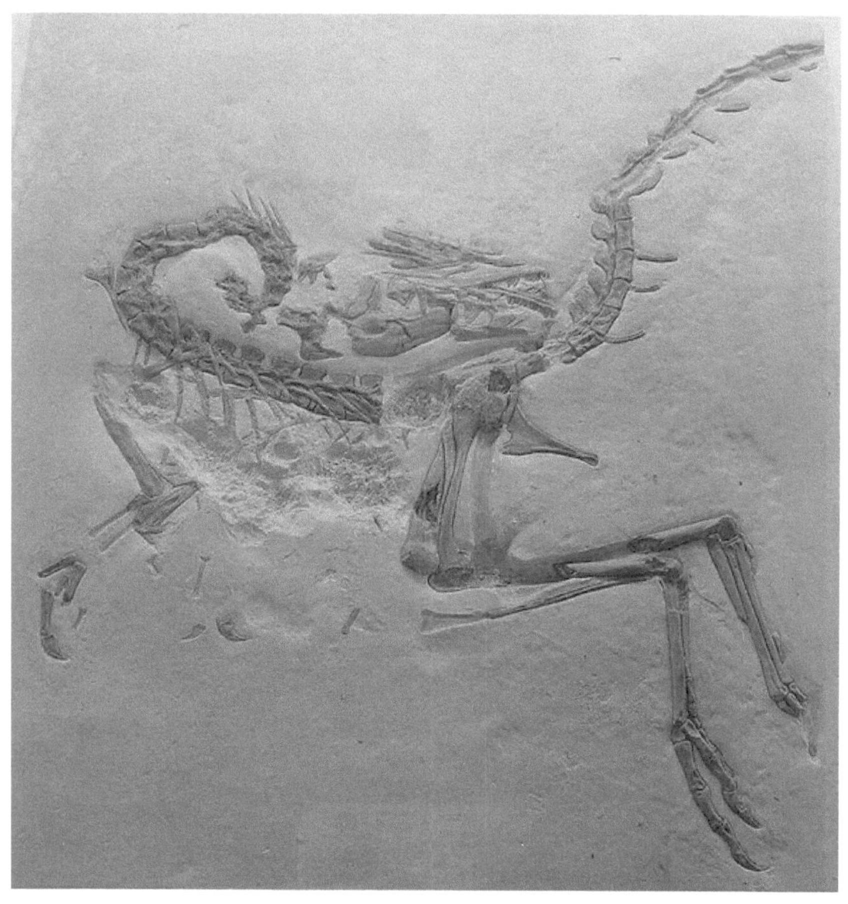

*Raub-Dinosaurier Compsognathus longipes
aus Jachenhausen bei Riedenburg (Niederbayern),
ein Zeitgenosse des Urvogels Archaeopteryx,
Original im Paläontologischen Museum, München,
Foto: User „Ballista" bei „Wikipedia"*

*Lebensbild des Raub-Dinosauriers Compsognathus longipes
aus Jachenhausen bei Riedenburg,
Zeichnung: Nobu Tamura*

Der sechste Urvogel:
Das „Solnhofener Exemplar"

Im Herbst 1987 identifizierte der Eichstätter Paläontologe Günther Viohl in der Privatsammlung des Solnhofener Altbürgermeisters Friedrich (Fritz) Müller (1912–1995) einen Fossilfund als Urvogel *Archaeopteryx*. Von dem ursprünglich vollständig überlieferten Skelett sind bei der Bergung im Steinbruch Teile von Schädel, Wirbelsäule, Hinter- und Vorderextremitäten verlorengegangen. Vom Schädel blieb nur die vordere Schnabelpartie mit Zähnen erhalten. Man vermutet heute, dieser Urvogel sei vor 1985 in einem Eichstätter Steinbruch gefunden worden. 1988 beschrieb der Münchener Paläontologe Peter Wellnhofer dieses Fossil als *Archaeopteryx lithographica*. Jener bisher größte Urvogel wurde 2001 von dem polnischen Paläontolo-gen Andrzej Elzanowski wegen der deutlich geringeren Schwanzlänge sowie wegen einiger Unterschiede im Bau des Beckens und der Füße einer neuen Gattung und Art namens *Wellnhoferia grandis* zugeordnet, was aber umstritten ist. Elzanowski rechnete die damals bekannten Funde vier Arten zu: *Archaeopteryx lithographica*, *Archaeopteryx siemensii*, *Archaeopteryx bavarica* und *Wellnhoferia grandis*. 2001 wies das Oberlandesgericht Nürnberg die Klage eines Eichstätter Steinbruchbesitzers ab, der behauptete, dieser Fund sei 1985 von einem seiner türkischen Arbeiter entwendet worden. Der Urvogel wird im Bürgermeister-Müller-Museum in Solnhofen aufbewahrt und deswegen als „Solnhofener Exemplar" bezeichnet.

Foto auf Seite 49:

„Solnhofener Exemplar" des Urvogels Archaeopteryx
von einem unbekannten Fundort in Bayern,
Original im Bürgermeister-Müller-Museum in Solnhofen ausgestellt,
Foto: H. Raab (User „Vesta" bei „Wikipedia")

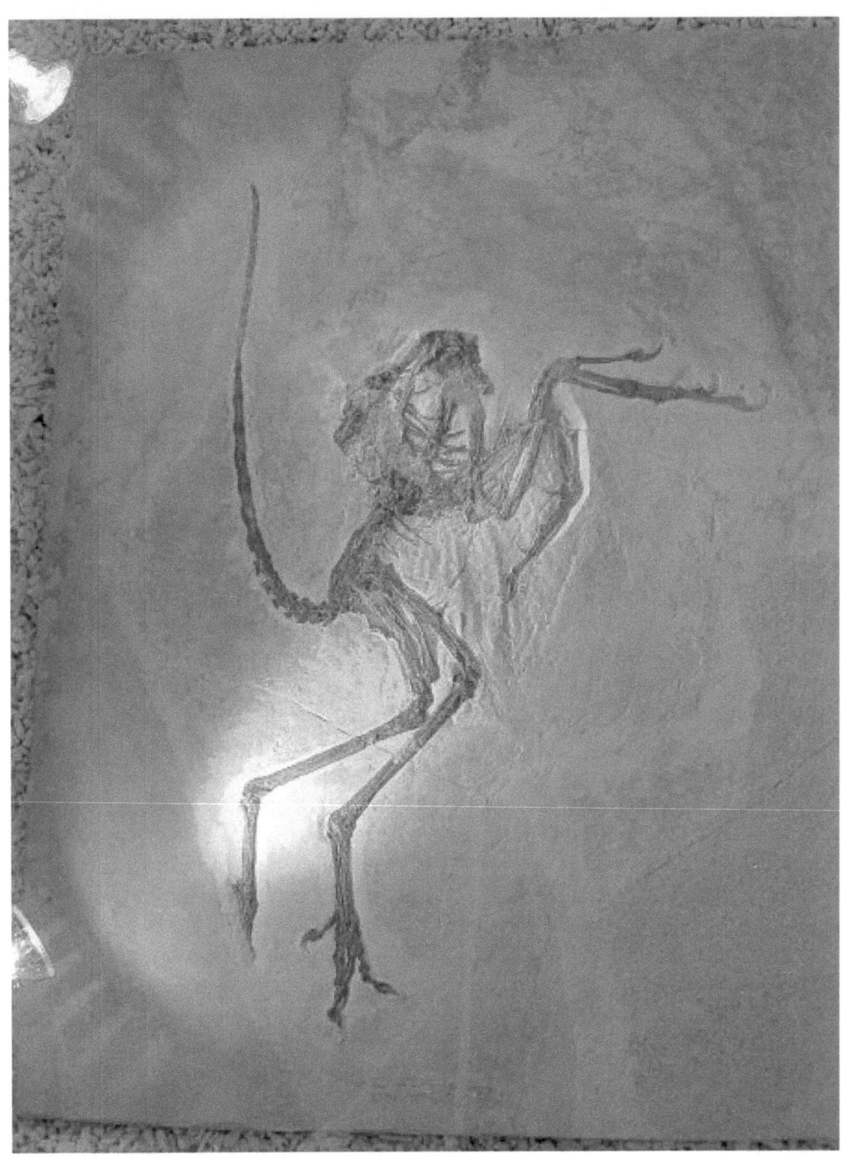

Der siebte Urvogel:
Das „Münchener Exemplar"

Im August 1992 gelang dem Pächter Jürgen Hüttinger in einem Steinbruch der „Solenhofer Aktien-Verein AG" auf der Langenaltheimer Haardt unweit von Solnhofen (Mittelfranken) die Entdeckung eines Urvogels mit Kopf, Skelett- und Federresten. Unweit davon waren 1861 auch das „Londoner Exemplar" und 1956 das „Maxberg-Exemplar" zum Vorschein gekommen. Der Fund wurde 1993 durch den Münchener Paläontologen Peter Wellnhofer als neue Art namens *Archaeopteryx bavarica* beschrieben. Er glaubte, erstmals an einem Urvogel aus den Solnhofener Plattenkalken ein verknöchertes Brustbein erkannt zu haben. Ein solches ist bei heutigen Vögeln für das Flugvermögen sehr wichtig, weil dort kräftige Flugmuskeln ansetzen. 2004 nahm der Urvogel-Experte Helmut Tischlinger aus Stammham sorgfältige Untersuchungen dieses Urvogels im ultraviolettem Licht sowie eine Feinpräparation der Fossilplatte im Bereich des Schultergürtels vor. Überraschenderweise stellte er fest, dass das vermeintliche Brustbein ein Element des Schultergürtels, nämlich ein Teil des linken Rabenbeins, ist. Auch bei anderen *Archaeopteryx*-Funden hat man kein verknöchertes Brustbein entdeckt. Nur beim „Berliner Exemplar" erkannte Tischlinger bei UV-Untersuchungen Weichteilspuren und mit Kalkspat gefüllte Hohlraumausfüllungen im Bereich des Schultergürtels, die man als Reste eines knorplig erhaltenen Brustbeins deuten könnte. Beim zerfallenen Schädel des 1992 entdeckten Urvogels fehlt der Oberkiefer. Der Unterkiefer enthält alle 22 Zähne. Die Art der Zahnbefestigung durch zusätzliche kleine Knochenplättchen kennt man auch bei Raub-Dinosauriern und gilt als primitives Merkmal. Dank vieler Spender und Geldgeber und weil der Besitzer auf merklich höhere Gebote nicht einging, konnte dieser Urvogel von der Bayerischen Staatssammlung für Paläontologie und Geologie für rund zwei Millionen DM erworben werden. Das 1992 entdeckte Fossil heißt heute „Münchener Exemplar". Früher nannte man es „Exemplar des Solnhofener Aktienvereins".

„Exemplar des Solnhofener Aktienvereins" oder „Münchener Exemplar"
des Urvogels Archaeopteryx
aus einem Steinbruch der „Solenhofer Aktien-Verein AG"
auf der Langenaltheimer Haardt unweit von Solnhofen (Mittelfranken),
Original im Paläontologischen Museum, München, nicht öffentlich ausgestellt,
Foto: User „Luidger" bei „Wikipedia"

Der achte Urvogel:
Das „Daitinger Exemplar"

In Daiting im schwäbischen Kreis Donau-Ries glückte um 1990 der Fund eines fragmentarisch erhaltenen Urvogels, den man im unpräpariertem Zustand zunächst irrtümlich als Rest eines Flugsauriers deutete. Dieses Fossil wurde vom Steinbruchbesitzer an einen bisher unbekannten Sammler verkauft. Einige Jahre später kamen nach der Präparation des Fundes erstmals Zweifel an der ursprünglichen Deutung als Flugsaurier auf. 1996 begutachtete der Bamberger Paläontologe Matthias Mäuser einen Abguss des Fossils, wobei er dessen wahre Natur als *Archaeopteryx* erkannte. Dieser Urvogel stammt aus den Mörnsheimer Schichten aus dem Malm Zeta 3, die über den Solnhofener Schichten aus dem Malm Zeta 2 lagern, aus denen alle bis dahin geborgenen Funde von *Archaeopteryx* zum Vorschein kamen. Demnach handelt es sich bei dem Fossil aus Daiting um den geologisch jüngsten Urvogel *Archaeopteryx*. Matthias Mäuser schrieb 1997 in der Zeitschrift „Fossilien", man wisse nicht, ob der Neufund 50.000, 100.000 oder noch mehr Jahre

jünger als die übrigen Urvögel sei. Bei der am 14. Februar 1986 im Naturkunde-Museum Bamberg eröffneten Sonderausstellung „Archaeopteryx – der Urvogel aus der Frankenalb" stellte der Abguss des achten Urvogelskeletts eine besondere Attraktion dar. 2009 verkaufte der anonyme Besitzer aufgrund privater Lebensumstände die *Archaeopteryx* aus Daiting an den Fossilienhändler Raimund Albersdörfer aus Schnaittach in Mittelfranken. Albersdörfer präsentierte den Originalfund noch im selben Jahr bei den „Münchner Mineralientagen" 2009 erstmals der Öffentlichkeit. Am achten Urvogel sind unter anderem der Schädel mit den bezahnten Kiefern, das Gabelbein, die Schulterblätter, die teilweise zerstörten Oberarmknochen, Elle, Speiche, Mittelhandknochen, Fragmente der Finger und ein Krallenbruchstück von einer Körperseite erkennbar. In Daiting hat man schon von etwa 1800 bis um 1858 Fossilien entdeckt, die damals von dem Arzt Carl Friedrich Häberlein (1787–1871) aus Pappenheim und Georg Graf zu Mün-

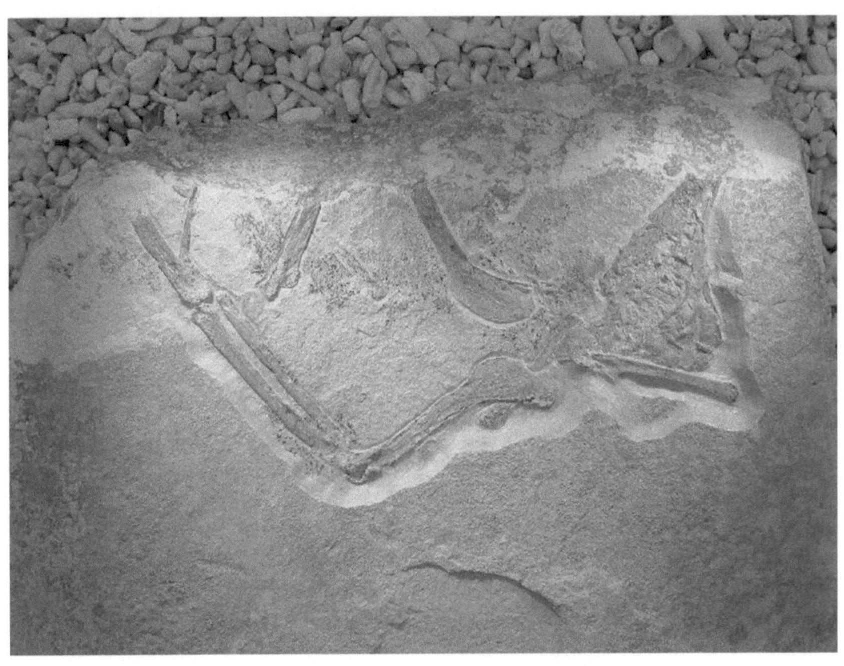

„Daitinger Exemplar" des Urvogels Archaeopteryx
aus Daiting (Kreis Donau-Ries) in Schwaben,
Original in einer Privatsammlung,
Foto: H. Raab (User „ Vesta" bei „ Wikipedia")

ster (1776–1844) aus Bayreuth gesammelt wurden. Damals stieß man beim Abbau von „Bohnerz" auf Plattenkalke mit Tierresten aus dem Oberjura. Um 1858 war der Abbau von „Bohnerz" unrentabel und wurde deswegen eingestellt. Erst ab 1958 baute man in einem Steinbruch, den man wegen Straßenbaumaßnahmen angelegt hat,

wieder Kalkplatten ab. In der Folgezeit waren dort Fossiliensammler aktiv. 1988 schüttete man den letzten zugänglichen Steinbruch am Meulenhardt zu. Im ersten Jahrzehnt des 21. Jahrhunderts scheiterte der Versuch, einen wieder aufgemachten Steinbruch als Besuchersteinbruch der Öffentlichkeit zugänglich zu machen.

Der neunte Urvogel: Das „Exemplar der Familien Ottmann & Steil"

Im Frühjahr 2004 entdeckte der Steinbrecher Karl Schwegler in einem Steinbruch zwischen der Langenaltheimer Haardt und Solnhofen (Mittelfranken) im „Alten Steinberg" auf den beiden Hälften einer gespaltenen Platte einige Knochen. Diese stammten, wie sich erst später herausstellte, vom isolierten rechten Flügels eines Urvogels. In der Literatur heißt der Fundort jener neunten *Archaeopteryx* auch „am Solaberg von Solnhofen im Naturpark Altmühltal". Dort hat man bereits 1423 Solnhofener Platten abgebaut. Auf der 2004 gefundenen Positiv- und Negativplatte sind Ober- und Unterarm, bekrallte Finger sowie undeutlich Federabdrücke zu sehen. Dieser Urvogelrest wurde 2005 von den Paläontologen Peter Wellnhofer (Bayerische Staatssammlung für Paläontologie und historische Geologie in München) und Martin Röper (Bürgermeister-Müller-Museum in Solnhofen) wissenschaftlich beschrieben. Das Fossil aus dem Privatbesitz der Solnhofener Familien Ott-mann und Steil befindet sich heute als Dauerleihgabe im Bürgermeister-Müller-Museum in Solnhofen („Exemplar der Familien Ottmann & Steil", Soln-hofen). Der Fund wird scherzhaft als „Chicken Wing" („Hühnerflügel") bezeichnet, weil es sich um eine isolierte Schwinge handelt.

„Exemplar der Familien Ottmann & Steil"
des Urvogels Archaeopteryx
aus einem Steinbruch zwischen der Langenaltheimer Haardt
und Solnhofen (Mittelfranken) im so genannten „Alten Steinberg",
Original als Leihgabe im Bürgermeister-Müller-Museum in Solnhofen
öffentlich ausgestellt,
Foto: H. Raab (User „Vesta" bei „Wikipedia")

Der zehnte Urvogel:
Das „Thermopolis-Exemplar"

Burkhard Pohl, der Besitzer des Wyoming Dinosaur Center in Thermopolis (USA), erwarb 2005 mit Hilfe eines unbenannten Spenders einen Urvogel-Fund („Thermopolis-Exemplar"), der ebenso gut erhalten ist wie das berühmte „Berliner Exemplar", das zwischen 1874 und 1876 auf dem Blumenberg bei Eichstätt geborgen wurde. Die Vorbesitzerin aus der Schweiz gab schriftlich an, das Fossil stamme aus der Sammlung ihres Ende der 1970-er Jahre verstorbenes Mannes. Heute heißt es, die Entdeckung sei bereits vor 1970 geglückt. Nach Ansicht von Kennern lässt die Gesteinsbeschaffenheit des Fossils darauf schließen, ein Steinbruch im Eichstätter Gebiet (Oberbayern) sei der Fundort gewesen. Ende 2001 wurde dieser Urvogel dem Frankfurter Senckenberg-Museum zum Kauf angeboten. Dabei ließ man dem Museum einige Jahre Zeit, um die für den Ankauf benötigte Summe aufzubringen. Angeblich handelte es sich um einen Betrag zwischen 1 und 2 Millionen Euro. Weil das Senckenberg-Museum so viel Geld nicht auftreiben konnte, wandte

sich die Witwe an den Gründer des Wyoming Dinosaur Center, Burkhard Pohl. Dieser fand einen anonymen Spender, der dazu bereit war, die Mittel zum Erwerb des Fundes aufzubringen. Der zehnte Urvogel aus Bayern wurde 2007 von Gerald Mayr, Burkhard Pohl, Scott Hartman und Stefan Peters wissenschaftlich beschrieben. Bei dem Fossil ist erstmals der Kopf von oben und am Mittelfußknochen ein nach oben gerichteter Fortsatz zu sehen. Die Füße des „Thermopolis-Exemplars" ähnelten stark denjenigen von Theropoden, einer Gruppe von zweibeinig laufenden Raub-Dinosauriern mit relativ kurzen Armen. Dieser Urvogel besaß keine Klammerfüße, die bis dahin als Vogelmerkmale gegolten hatten. Anders als bei heutigen Vögeln war die erste Zehe nicht vollständig nach rückwärts orientiert und deswegen nicht opponierbar. Das Fehlen der Klammerfüße wird als endgültiger Beweis für eine Lebensweise von *Archaeopteryx* am Boden betrachtet. Nach Ansicht von Peter Wellnhofer belegt dies, dass *Archaeopteryx* nur

*„Thermopolis-Exemplar" des Urvogels Archaeopteryx
von einem unbekannten Fundort in Bayern,
Original im Wyoming Dinosaur Center
in Thermopolis (Wyoming) in den USA öffentlich ausgestellt,
Foto: Stephan Schulz bei „Wikipedia"*

gelegentlich auf Bäume geklettert ist. Angesichts der zahlreichen zu den Theropoden gehörenden gefiederten Dinosaurier aus China, könne man davon ausgehen, dass *Archaeopteryx* zu diesen zu zählen sei. Die Experten Mayr, Pohl, Hartman und Peters rechneten das „Berliner Exemplar", „Münchener Exemplar" und „Thermopolis-Exemplar" zur Art *Archaeopteryx siemensii*. Das „Londoner Exemplar" und „Solnhofener Exemplar" dagegen ordneten sie zur Art *Archaeopteryx lithographica*. Ein Abguss des „Thermopolis-Exemplars" wird im Senckenberg-Museum in Frankfurt am Main aufbewahrt. Nach Auskunft von Burkhard Pohl soll der im Wyoming Dinosaur Center ausgestellte zehnte Urvogel dort verbleiben. Ungeachtet dessen wurde dem Frankfurter Senckenberg-Museum, in dem der Fund sorgfältig untersucht worden war, schriftlich zugesichert, dass der Urvogel in einer öffentlich zugänglichen Sammlung verbleiben muss, sollte er einmal nicht mehr im Wyoming Dinosaur Center aufbewahrt werden können. Bevor das „Thermopolis-Exemplar" 2005 in die Dauerausstellung des Wyoming Dinosaur Center kam, konnte man es in verschiedenen deutschen Museen bewundern. Ende Oktober 2009 war der zehnte Urvogel bei den „Müncher Mineralientagen" und anschließend zwei Wochen lang im Solnhofener Museum ausgestellt. 2010 sah man ihn vier Monate lang bei der Sonderausstellung „Archaeopteryx – the Icon of Evolution" im Houston Museum of Natural History in Texas (USA). 2009 deuteten histologische Untersuchungen des zehnten Urvogels darauf hin, dass *Archaeopteryx* im Gegensatz zu heutigen Vögeln wie Reptilien ausgesprochen langsam heranwuchs. Erst in seinem zweiten oder dritten Lebensjahr näherte sich der Urvogel dem Erwachsenenalter und wurde vermutlich erst dann geschlechtsreif.

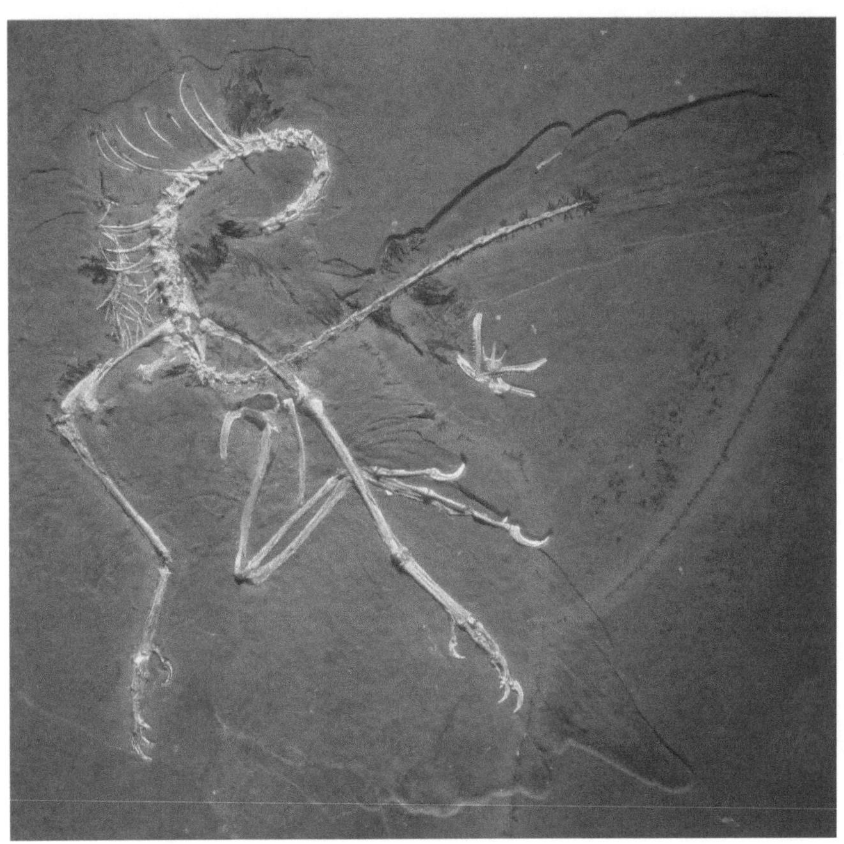

Elftes Exemplar des Urvogels Archaeopteryx unter UV-Licht.
Mit dieser Technik werden Knochen
durch die helle Fluoreszenz besonders deutlich hervorgehoben
und lassen sich von dem sie umgebenden Gestein besser unterscheiden.
Das sehr aufwändige Verfahren ermöglicht es,
bei Fossilien ansonsten unsichtbare bioorganische Strukturen zu erkennen.
Foto: Dr. Helmut Tischlinger

Der elfte Urvogel

„Archaeopteryx-Fossil entdeckt. Urvogel Nummer elf": Dies berichtete am 19. Oktober 2011 die in München erscheinende „Süddeutsche Zeitung". Das Federkleid und die Knochen seien ausgesprochen gut erhalten, erklärte Oliver Rauhut, Konservator an der Bayerischen Staatssammlung für Paläontologie und Geologie in München. Nur ein Flügel und der Schädel fehlen weitgehend, informierte ebenfalls am 19. Oktober 2011 die „Augsburger Allgemeine" über die spektakuläre Entdeckung. Der Urvogel, von dem hier die Rede ist, wurde von einem Steinbruchbesitzer im Altmühltal entdeckt und bei den „Münchner Mineralientagen" vom 28. bis zum 30.

Oktober 2011 erstmals der Öffentlichkeit präsentiert. Der Steinbruchbesitzer hat das elfte *Archaeopteryx*-Skelett renommierten Experten zur Untersuchung überlassen. Außerdem bat er darum, für eine Eintragung des Fossils als nationales Kulturgut zu sorgen, womit es der Wissenschaft erhalten bleibt. Die Experten Christian Foth (München), Helmut Tischlinger (Stammham)und Oliver Rauhut (München) untersuchten den Fund. Über ihre Ergebnisse berichteten sie im Juli 2014 im Londoner Wissenschaftsmagazin „Nature". Wie beim berühmten „Berliner Exemplar" (zweiter Urvogel) sind auch beim elften Urvogel die Federn besonders gut erhalten.

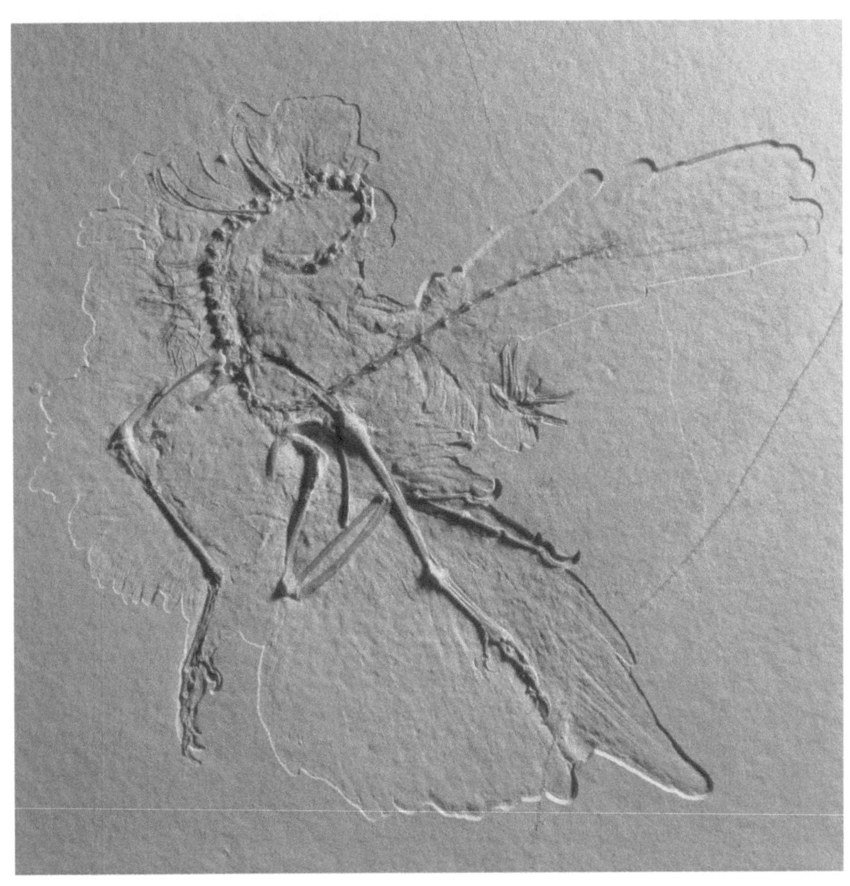

*Elftes Exemplar des Urvogels Archaeopteryx,
das 2011 bekannt wurde,
Foto: Dr. Helmut Tischlinger*

Der zwölfte Urvogel
Das „Schamhauptener Exemplar"

Mit einem Alter von rund 153 Millionen Jahren gilt der zwölfte Urvogel aus Bayern als das geologisch älteste Originalskelett der Gattung *Archaeopteryx*. Das Skelett ist mehrere hunderttausend Jahre älter als alle bisher geborgenen Exemplare und stammt von einem kleinen Tier. Es befand sich auf drei größeren und einigen kleineren Bruchstücken von Kalksteinplatten.

Fundort ist ein Erlebnissteinbruch in Schamhaupten (Landkreis Eichstätt, Oberbayern), in dem Besucher nach Fossilien suchen dürfen. Bei dem Entdecker handelt es sich um einen Fossiliensammler aus dem Raum Nürnberg, dessen Name auf seinen Wunsch geheim gehalten wird. Bereits nach dem Aufbrechen einer Gesteinsplatte wusste er, dass er auf etwas Besonderes gestoßen war. Denn dabei erblickte er kleine, längliche Strukturen. Die professionelle Bergung zog sich bis in die Nacht dahin. Noch im Steinbruch erfolgten die Vermessung und Dokumentierung des ungewöhnlichen Fundes. Auch die mühsame Präparation des Fossils nahm der Entdecker selbst vor. Der glückliche Sammler veranlasste zunächst eine Meldung an das Landratsamt Eichstätt. Später ging er auch auf den Eigentümer des Steinbruches zu, der – gemäß § 984 des „Bürgerlichen Gesetzbuches" – Anspruch auf die Hälfte des Wertes des unpräparierten Fundes hatte. Nach einer Begutachtung durch die „Bayerische Staatssammlung" in München erhielt dieses *Archaeoperyx*-Exemplar den Status eines „Kulturdenkmals von nationaler Bedeutung". Für eine sechsstellige Summe überließ der Steinbruchbesitzer Franz Gerstner dem Entdecker den zwölften Urvogel („Schamhauptener Exemplar" genannt). Seit 25. August 2016 bildet der in einer Hochsicherheitsvitrine ausgestellte seltene Fund ein besonderes Highlight im „Dinosaurier-Freiluftmuseum Altmühltal" in Denkendorf. Seine neue Heimat liegt kaum zehn Kilometer entfernt vom Fundort Schamhaupten.

Die bisher in Bayern entdeckten Urvögel haben sicherlich nicht alle genau zur selben Zeit im Oberjura gelebt. Sie kamen wohl durch einige Jahrzehntausende oder sogar Jahrhunderttausende voneinander getrennt vor. Offenbar handelt es sich in allen Fällen um Jungtiere oder noch nicht ausgewachsene Tiere. Vielleicht gehören sie mindestens zwei, drei oder noch mehr Arten an.

Schamhaupten ist auch der Fundort des kleinen Raub-Dinosauriers *Juravenator* starki. Das etwa zwischen 75 und 80 Zentimeter lange Skelett wurde 1998 von den Amateur-Paläontologen Klaus-Dieter Weiß und Hans Weiß (beide sind Brüder) entdeckt. Der spektakuläre Fund kam an einer vom „Jura-Museum Eichstätt" gepachteten Grabungsssstelle im „Starkschen Steinbruch" von Schamhaupten zum Vorschein. Der Gattngsname *Juravenator* bedeutet „Jäger des Juragebirges". Der Artname starki erinnert an die Familie Stark, die Besitzer des Steinbruches, in dem *Juravenator* gefunden wurde. Laut Online-Lexikon „Wikipedia" wurde nie zuvor ein so gut erhaltener Raub-Dinosaurier in Europa entdeckt.

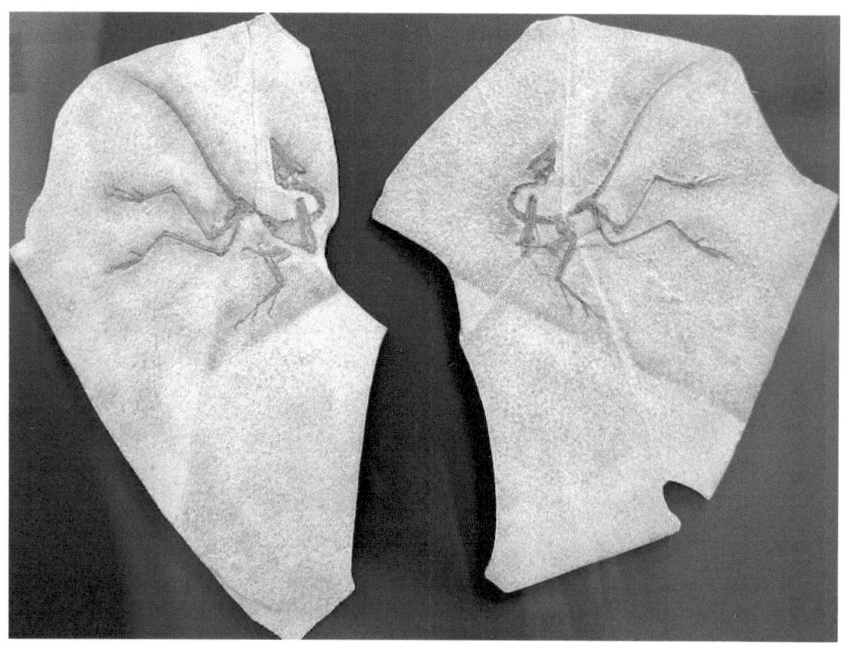

„Eichstätter Exemplar" des Urvogels Archaeopteryx
auf zwei Platten
von der Petershöhe bei Workerszell unweit von Eichstätt in Oberbayern,
Originalfund im Jura-Museum in Eichstätt öffentlich ausgestellt,
Foto: Ryan Somma bei „Wikipedia"

Skelettfunde von *Archaeopteryx*

In der Literatur werden die Skelettfunde von *Archaeopteryx* in der Reihenfolge, in der sie bekannt oder beschrieben wurden, aufgelistet:

<u>Erster Skelettfund</u> ohne Schädel von der Langenaltheimer Haardt unweit von Solnhofen (Mittelfranken), „Londoner Exemplar", 1861 entdeckt
<u>Zweiter Skelettfund</u> mit Schädel vom Blumenberg bei Eichstätt (Oberbayern), „Berliner Exemplar", zwischen 1874 und 1876 entdeckt
<u>Dritter Skelettfund</u>, Teilskelett von der Langenaltheimer Haardt unweit von Solnhofen (Mittelfranken), „Maxberg-Exemplar" oder „Opitsch-Exemplar", 1956 entdeckt, ab 1974 verschollen
<u>Vierter Skelettfund</u>, Teilskelett aus Jachenhausen bei Riedenburg (Niederbayern), „Haarlemer Exemplar", bereits 1855 entdeckt, aber erst 1970 als Urvogel identifiziert
<u>Fünfter Skelettfund</u> mit Schädel von der Petershöhe bei Workerszell (Oberbayern), „Eichstätter Exemplar", 1951 entdeckt, 1973 beschrieben
<u>Sechster Skelettfund</u>, „Solnhofener Exemplar", Fundort, Funddatum und Entdecker unbekannt, erst 1987 als Urvogel identifiziert
<u>Siebter Skelettfund</u> mit Schädel von der Langenaltheimer Haardt unweit von Solnhofen (Mittelfranken), „Münchener Exemplar", 1992 entdeckt
<u>Achter Skelettfund</u>, Teilskelett aus Daiting (Schwaben), „Daitinger Exemplar", um 1990 entdeckt, erst 1996/1997 bekannt geworden
<u>Neunter Skelettfund</u>, Teilskelett zwischen der Langenaltheimer Haardt und Solnhofen im „Alten Steinberg" (Mittelfranken), „Exemplar der Familien Ottmann & Steil", im Frühjahr 2004 entdeckt, 2005 beschrieben
<u>Zehnter Skelettfund</u> mit Schädel, vielleicht aus der Gegend von Eichstätt (Oberbayern), befand sich in der Sammlung eines Ende der 1970-er Jahre verstorbenen Schweizers, 2005 vom „Wyoming Dinosaur Center" in Thermopolis (USA) erworben, „Thermopolis-Exemplar", 2007 beschrieben
<u>Elfter Skelettfund</u>, vor mehreren Jahrzehnten entdecktes Fossil wird 2011 bekannt
<u>Zwölfter Skelettfund</u>, 2010 in Schamhaupten (Kreis Eichstätt, Oberbayern) entdeckt, „Schamhauptener Exemplar", ab 2016 im „Dinosaurier-Freiluftmuseum Altmühltal" in Denkendorf ausgestellt

Naturforscher Georgius Agricola (1494–1555)

Wie Fossilien
entstanden

Als Fossilien (lateinisch: fodere, fossum = ausgegraben) werden heute nur die Überreste von ausgestorbenen Pflanzen und Tieren sowie deren Lebensspuren bezeichnet. Ursprünglich, zum Beispiel vom deutschen Naturforscher Georgius Agricola (1494–1555), dem Begründer der Mineralogie, Metallurgie und Bergbaukunde, hat man alle ausgegrabenen Besonderheiten, auch Mineralien und Steinwerkzeuge, des Erdbodens so genannt.

Die Geschichte des Lebens auf unserem Planeten könnte nicht geschrieben werden, wenn die Vorfahren der heute lebenden Pflanzen und Tiere nicht ihre Spuren oder fossile Reste hinterlassen hätten. Diese Überreste, also die Fossilien, ermöglichen es, die Entwicklung zu immer höher entwickelten Formen zu verfolgen.

Unzählige Milliarden von Tieren sind seit der Entstehung des Lebens auf der Erde vor etwa vier Milliarden Jahren gestorben. Trotzdem ist unser Planet nicht von Relikten toter Tiere übersät. Denn die Überreste bleiben nur in Ausnahmefällen erhalten.

Ein Fluginsekt oder ein Vogel etwa haben kaum Aussichten, innerhalb ihres Lebensraums fossilisiert zu werden. Dies kann nur geschehen, wenn der Körper des toten Organismus bald nach dem Absterben durch Schlamm oder Sand bedeckt wird. Zwar zersetzt sich auch dann der Weichkörper, aber die Hartteile werden vor der Zerstörung bewahrt.

Auch landlebende Wirbeltiere, wie Saurier, Mammute oder Nashörner, werden selten als Fossilien geborgen, weil ihre Leichen auf der Erdoberfläche der Zersetzung und der Verwitterung preisgegeben sind. Deshalb haben Pflanzen und Tiere, die einst in Meeren, Seen und Flüssen gelebt haben, eine größere Chance, der Nachwelt erhalten zu bleiben, als solche, die auf dem Land lebten.

Die wichtigste Voraussetzung für die Überlieferung eines vollständigen Skeletts ist, dass der Tierkörper nach dem Tod nicht mehr passiv fortbewegt wird, sondern an seinem Sterbeort bleibt, eingebettet wird und so völlig ungestört versteinern kann.

Libelle Cymatophlebia longialata aus Solnhofen in Bayern,
Orginal im Bürgermeister-Müller-Museum, Solnhofen,
Foto: Dr. Alexander Mayer bei „Wikipedia"

Krebs Eryon arctiformis aus Solnhofen in Bayern,
Foto: Didier Decouens bei „Wikipedia"

*Lebensbild des Raub-Dinosauriers Juravenator,
Zeichnung: Nobu Tamura*

Foto auf Seite 71:

*Originalfund des Raub-Dinosauriers Juravenator
aus dem „Starkschen Steinbruch" von Schamhaupten
bei Eichstätt (Oberbayern),
Orginal im Jura-Museum, Eichstätt,
Foto: User „Superikonoskop" bei „Wikipedia"*

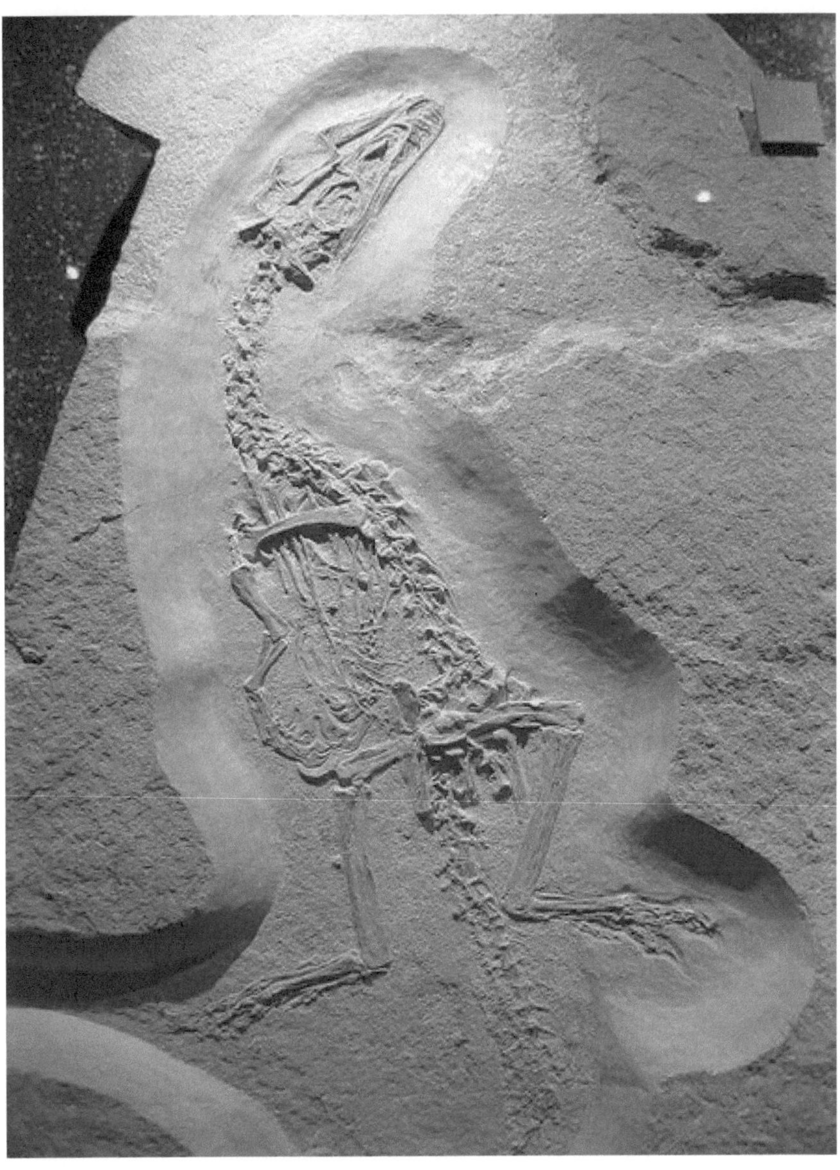

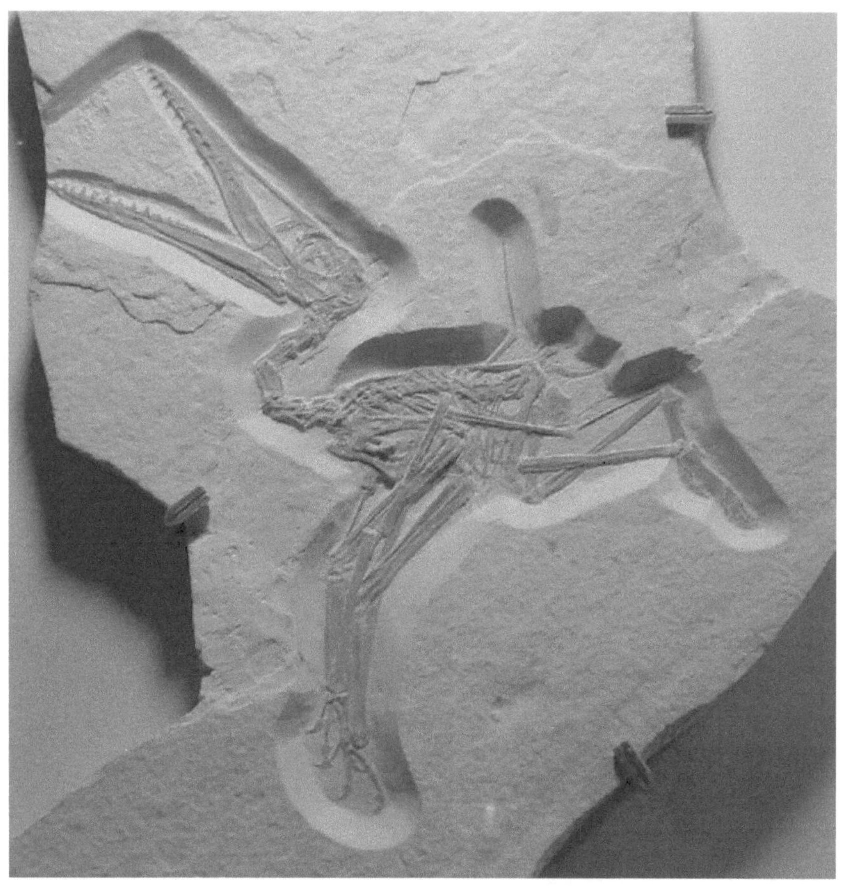

Flugsaurier Pterodactylus kochi aus Bayern,
Orginal im Bürgermeister-Müller-Museum, Solnhofen,
Foto: User „Ghedoghedo" bei „Wikipedia"

Als in der Unterjurazeit vor etwa 190 Millionen Jahren Fischsaurierleichen und die Körper von meeresbewohnenden Plesiosauriern, Krokodilen, Haien und anderen Fischen in das nicht besonders tiefe und schlecht durchlüftete Meer im Raum Holzmaden in Württemberg sanken, blieben sie auf dem Grund liegen und wurden im Skelettverband von herabsinkenden Sedimentpartikeln allmählich zugedeckt und so erhalten. Sie wurden so zu einem Teil der Gesteinssphäre, während sie vorher Teil der Biosphäre waren.

Die ebenfalls weltberühmten Fossilien aus den Plattenkalken des Oberjura von Solnhofen und Eichstätt in Bayern repräsentieren Hinterlassenschaften einer ufernahen Meeresbucht. Sie war vor etwa 150 Millionen Jahren gegen das Meer durch eine Kette von kleinen Riffen und Inseln abgetrennt, und hier in ihrem Schutz lagerten sich im ruhigen, warmen Tropenwasser feine Kalkschlamme ab. Von See her wurden Quallen, Krebse und Fische, von Land her kleine Echsen, tote Flugsaurier sowie der Urvogel der Gattung *Archaeopteryx* in den weichen Kalkschlicken eingebettet und so vollkommen überliefert, wie dies nur in einem ganz ruhigen Wasser mit günstigen chemischen und sedimentären Bedingungen möglich ist.

In Steppen und Wüsten wiederum konservierte der angewehte Staub und der alles einhüllende Feinsand die toten Tierkörper im Skelettverband. Da solche Einbettungsorte meist äußerst trokkenes und warmes Klima haben, treten dort Mumifizierungen auf, die sogar zur Erhaltung von organischer Substanz, meist von harten Häuten und Schuppenkleidern, führen.

Buchstäblich mit Haut und Haaren sind manche Fossilien ans der Grube Messel bei Darmstadt in Südhessen erhalten, wo nahezu 50 Millionen Jahre alte Fische, Krokodile, Schildkröten, Schlangen, Vögel, Insektenfresser, Urpferde, Fledermäuse und andere Tiere aus dem Eozän ausgegraben wurden.

Die einst in den oberen Wasserschichten des Messeler Urwaldsees lebenden Algen führten durch ihr Absterben zu einem ständigen Herabschweben zerfallender organischer Substanz, die beim Zersetzen den vorhandenen Sauerstoff aufbrauchte. Tote Fische, die zu Boden sanken, sowie die Leichen von Tieren der Uferregion des Sees und des umgebenden Landes, die in das Gewässer gelangten, blieben im sauerstoffarmen Bodenschlamm vor weiterer Zersetzung bewahrt und erhielten sich so bis zum heutigen Tage.

Säugetiere des Tertiär und besonders der Eiszeit und Nacheiszeit wurden häufig in Kiesen, Sanden und Tonen von Flüssen eingebettet. Hier kamen jedoch zu der Zerstörung und Zerteilung des Körpers durch den Transport und die sauerstoffreichen Wässer noch die Abrollung der Knochen und ihr Anschliff durch Sande hinzu. Nur die widerstandsfähigsten Skelett-Teile wurden in diesem Fall überliefert. Oft sind Zähne mit ihrem harten Dentin (Zahnbein) und den Zahnschmelzüberzügen die einzigen übrigbleibenden Reste von Wirbeltieren. Dies gilt für die großen Backenzähne von Elefanten und Nashörnern ebenso wie für die kleinen Kauwerkzeuge von Mäusen und anderen Kleinsäugern, wie sie zum Beispiel in den mehr als eine halbe Million Jahre alten Ablagerungen des eiszeitlichen Mains und Rheins sowie der Taunusbäche in den Mosbacher Sanden bei Wiesbaden anzutreffen sind.

Auch tiefe Strudellöcher des Urrheins in der Oberrheinebene haben sich oft als fundreiche „Fossilfallen" erwiesen. Eine besondere Form der Überlieferung ermöglichte der Vorgang der Entkalkung einerseits und die Erhaltung von Haut und sonstigen organischen Resten andererseits in eiszeitlichen oder nacheiszeitlichen Moorablagerungen. Ein im Moor versunkener Körper wird zwar durch die Humussäure des Bodens entkalkt und sinkt deshalb auch flach in sich zusammen, aber die Säure bewirkt gleichzeitig einen Gerbprozess, durch den die Haut lederartig wird.

Tierische Fossilien sind aber nicht die einzigen Zeugen der Urzeit. Die überdeckten Reste von Pflanzen etwa werden manchmal in Kohle umgewandelt. Diesen Vorgang nennt man Inkohlung. Frühzeitliche Insekten wiederum, die sich einst in klebrigem Harz verfingen,

wurden in diesem, zu Bernstein erhärtet, der Nachwelt erhalten. Unter Luftabschluss bleibt dann selbst das feinste Geäder der Flügel sichtbar.

Auch Eier, Tierausscheidungen (Koprolithen), Schwanz- und Fußabdrücke können fossilisiert werden. So hinterließen beispielsweise große Dinosaurier vor etwa 150 Millionen Jahren in der Oberjurazeit bei Barkhausen an der Hunte im Wiehengebirge (Niedersachsen) tiefe Spuren im weichen Schlicksand.

In den Dauerfrostböden Sibiriens fand man zahlreiche große und kleine Mammute, die so tief gefroren waren, dass ihr Fell, ja auch ihr Fleisch, unzerstört blieb und ihr Magen unverdaut Pflanzennahrung enthielt. Es wird berichtet, dass Hunde von Zobeljägern sogar ihr Fleisch gefressen hätten.

Bei der Fossilisation können verschiedene chemische Vorgänge getrennt oder nebeneinander vorkommen: die Verkieselung, die Einkieselung oder die Verkiesung.

Bei der Verkieselung wird ursprüngliches Material (Kalkschale, Holz oder Knochengewebe) abgebaut und durch Kieselsäure (SiO) ersetzt. Auf diese Weise erfolgt molekülweise ein Austausch gegen Kieselsäure, wobei die ursprüngliche Struktur (etwa Jahresringe in Bäumen) sehr genau abgebildet werden kann (Pseudomorphose).

Im Gegensatz dazu bezeichnet die Einkieselung einen Vorgang, bei dem ein ursprünglicher Hohlraum nachträglich ganz oder teilweise mit Kieselsäure ausgefüllt wird. Bei der Einkieselung werden zum Beispiel die Hohlräume von Schneckenhäusern mit Kieselsäure gefüllt. Dieser steinerne „Ausguss" eines Hohlraumes, der Steinkern, bleibt auch dann noch erhalten, wenn die Kalkschale des Gehäuses gelöst wird. Häufiger erfolgt die Ausgießung eines Hohlraumes jedoch durch Sedimente.

Eine Verkiesung liegt vor, wenn ursprüngliche Substanz durch Pyrit („Schwefelkies") oder Markasit ersetzt wird – zum Beispiel, wenn die ehemalige Kalkschale eines Ammoniten durch Pyrit ersetzt wird.
Vorgänge, die Organismenleichen so vorbereiten, dass sie in den späteren Zustand eines Fossils übergehen können, gibt es natürlich auch heute.

Steinbruch der Johann Stiegler KG in Solnhofen,
Foto: E. Rosen bei „Wikipedia"

Die blaue Lagune
von Solnhofen

Wie die bis zu 60 Meter mächtigen, heute mehr als 500 Meter über dem Meeresniveau liegenden Plattenkalke im Raum Solnhofen und Eichstätt entstanden sind, ist bislang umstritten. Fest steht nur, dass die Plattenkalke in einem – geologisch gesehen – kurzen Zeitraum abgelagert wurden. Der Berliner Geologe Karl Werner Barthel schätzte 1978, dass die Bildungsdauer höchstens 500000 Jahre betrug, da die Veränderungen zwischen Beginn und Ende der Ablagerungen etwa einer halben Ammonitenzone entsprechen. Unter dem Begriff Ammonitenzone versteht man das in Gesteinsschichten dokumentierte Vorkommen einer Ammonitenart. Im Oberjura zur Zeit der Ablagerung der Solnhofener Schichten kann eine Ammonitenzone nur mit etwa einer Million Jahre veranschlagt werden.

Mit Sicherheit hat sich der Boden der Solnhofener Lagunenzone ständig gesenkt und damit Platz für stets neue Lagen von Kalkschlamm geschaffen. Sonst wäre die flache Lagunenzone bald von Schlamm übergelaufen und

ausgetrocknet. Unter der Last der vielen aufeinanderfolgenden Schichten verfestigte sich der Schlamm später immer mehr zu einem Gestein, dem Plattenkalk, dessen plattige Absonderung heutigen Betrachtern jeweils einen Blick auf die ehemalige Schichtfläche gewährt.

Die hellen Gesteine enthalten sowohl Überreste von Meerestieren, wie Quallen, Ammoniten, Tintenfischen, Krebsen, Fischen, Fischsauriern und Meereskrokodilen, als auch von Landbewohnern, wie Libellen, Heuschrecken, Schmetterlingen, Echsen, Flugsauriern und Urvögeln. Dieses Nebeneinander deutet darauf hin, dass das Ufer nicht allzu weit entfernt gewesen sein kann. Früher wurde die mittlerweile als überholt geltende Theorie vertreten, die Lagunenzone von Solnhofen sei hin und wieder trockengelaufen. Demnach wären die Meerestiere umgekommen, weil sie ohne Wasser nicht existieren konnten. Doch hierfür liegen keine Indizien wie etwa Trockenrisse in den Schichtflächen vor.

Als realistischer, aber nicht unumstrit-

Freischwimmende Seelilie (Saccocoma),
Foto: User „Ghedoghedo" bei „Wikipedia"

Bild auf Seite 79:

Nürnberger Apotheker Basilius Besler (1561–1629)

Ætatis suæ LI Anno MDCXII ·BASILIVS BESLER NORICVS ARTIS PHARMACEVTICÆ CHYMICÆ AMATOR SINGVLARIS REI HERBARIÆ STVDIOSVS

ten, gilt die Theorie von Karl Werner Barthel. Er sah in tropischen Wirbelstürmen die Ursache für die Entstehung der Solnhofener Plattenkalke. Demnach sollen Taifune südlich der Korallenriffzone im Donauraum des Jurameeres den Kalkschlamm aufgewirbelt haben, der sich ursprünglich unter Mitwirkung von Mikroorganismen gebildet hatte. Fein verteilte Schwebeteilchen seien dann als Trübestrom in die Wannen bei Solnhofen und Eichstätt hereingedrückt worden. Die winzigen Partikel hätten sich abgesetzt und Kalklagen gebildet. Schon ein einziger starker Sturm pro Jahr oder wenigstens alle paar Jahre hätte ausgereicht, um innerhalb einer verhältnismäßig kurzen geologischen Zeitspanne die heute vorhandenen mächtigen Schichtpakete entstehen zu lassen.

Nach Auffassung von Barthel trug die starke Verdunstung in den zeitweise vom offenen Meer durch Riffe abgeschirmten Wannen zur Bildung von stark übersalzenem Wasser bei. Der Geologe vermutete zudem die Existenz eines lebensfeindlichen Schwefel-Wasserstoff-Milieus. Laut Barthel wanderten innerhalb kurzer Zeit jeweils Meerestiere in die Lagunenzone ein, wenn dort normale marine Bedingungen herrschten, nachdem Niederschläge den Salzgehalt erträglicher gemacht hatten. Diese Tiere starben dann, wenn sich innerhalb weniger Monate die Lebensverhältnisse wieder rapide verschlechterten. Eine Rückkehr ins rettende offene Meer war meist nicht mehr möglich, weil die Fische oder andere durch Stürme eingedriftete Lebewesen in dem unruhigen Relief keinen Ausweg mehr fanden und vermutlich dafür schon zu geschwächt waren.

Der Bochumer Paläontologe Helmut Keupp stellte nach umfangreichen rasterelektronenmikroskopischen Untersuchungen von Solnhofener und Eichstätter Plattenkalken fest, dass die tonhaltigen Lagen (Fäulen) wie die kalkigen Lagen (Flinze) aus Packungen von Hohlkugeln aufgebaut sind, die aus Kalzitkristallen bestehen. Keupp deutet die Hohlkugeln als von Blaugrünalgen geschaffene Bildungen. Diese Blaugrünalgen waren Organismen, die im stark übersalzenen Wasser der Wannen ideale Lebensbedingungen vorfanden, während alle anderen Organismen keine Existenzgrundlage besaßen.

Keupp vermutet, die Kalkablagerungen im Raum Solnhofen und Eichstätt seien an Ort und Stelle durch dort lebende Organismen gebildet und nicht erst durch Stürme herbeitransportiert worden. Er schreibt Monsunen, eventuell verbunden mit starken Niederschlägen, lediglich eine periodische Wasserumwälzung zu, bei der durch den Zutritt von Süßwasser in den übersalzenen Wannen kurzfristig marine Bedingungen entstanden. Nun konnten Meerestiere wie die einzelligen Foraminiferen, Schlangensterne, langarmige Krebse und viele andere Tiere einwandern.

Diese Tiere behaupteten sich in den Wannen nicht lange. Als erste starben jene Organismen, die sehr empfindlich auf Salzgehaltsänderungen reagieren wie die kleinen freischwimmenden zehnarmigen Haarsterne (Saccocomen). Ihr gehäuftes Vorkommen auf den Schichtflächen im Raum Eichstätt spricht für ein plötzliches Absterben durch Schwankungen des Salzgehaltes. Das Wasser in den Wannen der Lagunenzone von Solnhofen dürfte einst strahlend blau ausgesehen haben, so wie heutige Gewässer in der Südsee herrlich blau leuchten. Die Pflanzenwelt aus dem Meer und vom Ufer ist nur spärlich dokumentiert. Gefunden wurden bisher Algen (Tange), Farne, Nadelholzgewächse (Araucarien, Taxaceen und Zypressenähnliche) sowie ginkgoartige Gewächse.

Solnhofener Plattenkalke kommen nicht nur in der Umgebung des kleinen Altmühlortes vor, der ihnen den Namen gab, sondern in einem Gebiet von etwa 70 Kilometer Länge und maximal 30 Kilometer Breite. Das Vorkommen erstreckt sich von Monsheim im Westen bis nach Kelheim im Osten und reicht von der Donau im Süden bis über die Altmühl hinaus nach Norden. Schon die alten Römer verwendeten Solnhofener Gestein für den Bau des Limes. Die Fossilien wurden 1546 erstmals von dem sächsischen Arzt und Bergmann Georgius Agricola (1494–1555, eigentlich Georg Bauer) in seinem Werk „De natura fossilium" er-

wähnt. Er bezog sich dabei auf die Funde bei Saal, dem heutigen Herrnsaal bei Kelheim. Der Nürnberger Apotheker Basilius Besler (1561–1629) bildete 1616 eine freischwimmende Seelilie (*Saccocoma*) über Dendriten ab. Beide Motive wurden damals noch fehlgedeutet. Abbildungen von Solnhofener Fossilien findet man auch in Veröffentlichungen des Altdorfer Arztes Johann Jacob Baier (1677–1735) von 1750 und des Nürnberger Kupferstechers und Kunsthändlers Georg Wolfgang Knorr (1705–1761) von 1755, an den der Name der fossilen Solnhofener Fischart *Leptolepis knorri* erinnert.

Im späten Mittelalter dienten Solnhofener Platten oft als Bodenbelag für Profan- und Kirchenbauten. Das bekannteste Beispiel findet man in der Hagia Sophia in Istanbul. Wer dort das heutige Museum, einst die Sophienkirche, betritt, setzt seinen Fuß auf einen Bodenbelag aus Solnhofener Plattenkalk, der vor mehr als einem halben Jahrtausend verlegt wurde. Der Wasserweg auf der Donau (von Kelheim aus) erschloss damals dem Gestein seine Bedeutung als Exportartikel.

Die von Alois Senefelder (1771–1834) erfundene Lithographie (Steindruck) machte Solnhofener Platten zu einem begehrten Produkt. Mit Hilfe dieses Druckverfahrens konnten Texte und Noten wesentlich preisgünstiger gedruckt werden als zuvor. Mittlerweile bat jedoch der schnellere und billigere Offsetdruck den Steindruck verdrängt.

Altdorfer Arzt Johann Jacob Baier (1677–1735)

Alois Senefelder (1771–1834), Erfinder der Lithographie (Steindruck)

*In der Willibaldsburg über Eichstätt
wurde 1976 das Jura-Museum eröffnet
und 1980 das Museum für Vor- und Frühgeschichte
der Öffentlichkeit übergeben.
Foto: User „Joe MiGo" bei „Wikipedia"*

Museen mit Jura-Fossilien

Jura-Museum auf der Willibaldsburg,
Burgstraße 19, 85072 Eichstätt,
Telefon: 08421/2956,
Internet: www.juramuseum.de
Die Ausstellung zeigt einen Originalfund des Urvogels *Archaeopteryx*:
das „Eichstätter Exemplar"

Museum Bergér, Harthof 1, 85072 Eichstätt,
Telefon: 08421/4663,
Internet: www.museum-berger.de

Bürgermeister-Müller-Museum,
Rathaus, Bahnhofstraße 8, 91807 Solnhofen,
Telefon: 09145/832020,
Internet: www.solnhofen.de
Die Ausstellung zeigt zwei Originalfunde des Urvogels *Archaeopteryx*:
das „Solnhofener Exemplar" und das „Exemplar der Familien Ottmann & Steil"

Fossilien- und Steindruckmuseum (früher Museum auf dem Maxberg),
Sonnenstraße 4, 91710 Gunzenhausen
Internet: www.fossilien-und-steindruck-museum.de

Museum für Naturkunde, Berlin
Invalidenstraße 43, 10115 Berlin,
Internet: www.naturkundemuseum-berlin.de
Originalfund des „Berliner Exemplars" öffentlich ausgestellt

Naturmuseum Senckenberg,
Senckenberganlage 25, 60325 Frankfurt am Main,
Internet: www.senckenberg.de

Paläontologisches Museum
Richard-Wagner-Straße 10, 80333 München,
Internet: www.palmuc.de
Originalfund des „Münchener Exemplars" nicht in der Ausstellung

Wissenschaftsautor Ernst Probst,
Foto: Klaus Benz, Mainz-Laubenheim

DER AUTOR

Ernst Probst, geboren am 20. Januar 1946 in Neunburg vorm Wald im bayerischen Regierungsbezirk Oberpfalz, ist Journalist und Buchautor. Er arbeitete von 1968 bis 1971 als Redakteur bei den „Nürnberger Nachrichten", von 1971 bis 1973 in der Zentralredaktion des „Ring Nordbayerischer Tageszeitungen" in Bayreuth und von 1973 bis 2001 bei der „Allgemeinen Zeitung", Mainz. Von 2001 bis 2006 war er zunächst als Buchverleger und später auch weltweit als Fossilien- und Antiquitätenhändler aktiv

In seiner Freizeit schrieb Ernst Probst vor allem populärwissenschaftliche Artikel für die „Frankfurter Allgemeine Zeitung", „Süddeutsche Zeitung", „Die Welt", „Frankfurter Rundschau", „Neue Zürcher Zeitung", „Tages-Anzeiger", Zürich, „Salzburger Nachrichten", „Oberösterreichische Nachrichten", Linz, „Die Zeit", „Rheinischer Merkur", „Deutsches Allgemeines Sonntagsblatt", „bild der wissenschaft", „kosmos", „Deutsche Presse-Agentur" (dpa), „Associated Press" (AP) und den „Deutschen Forschungsdienst" (df).

Aus der Feder von Ernst Probst stammen zahlreiche Beiträge der Buchreihe „Geschichten, die die Forschung schreibt" sowie die Bücher „Deutschland in der Urzeit" (1986), „Deutschland in der Steinzeit" (1991), „Rekorde der Urzeit" (1992), „Dinosaurier in Deutschland" (1993 zusammen mit Raymund Windolf) und „Deutschland in der Bronzezeit" (1996). Insgesamt publizierte er über 300 Bücher, Taschenbücher, Museumsführer, Broschüren und E-Books aus den Themenbereichen Paläontologie, Archäologie und Geschichte.

LITERATUR

ABENDZEITUNG, München: Ab Donnerstag im Museum: Der älteste Vogel der Welt ist ein waschechter Bayer, 24. August 2016

BARTHEL, Karl Werner: Solnhofen, Thun 1978

BIELOHLAWEK-HÜBEL, Gerold: Wer fand den Urvogel? Die Geschichte des *Archaeopteryx* aus dem Altmühljura, Riedstadt-Goddelau 2004

BOLLEN, Ludger: Der Flug des *Archaeopteryx* – Auf der Suche nach dem Ursprung der Vögel, Wiebelsheim 2008

CHAMBERS, Paul: Die *Archaeopteryx*-Saga. Das Rätsel des Urvogels, Frankfurt am Main 2003

DABER, Rudolf / HELMS, Jochen: Das große Fossilienbuch, Leipzig 1986

ELZANOWSKI, Andrzej: A new genus and species for the largest specimen of *Archaeopteryx*, Acta Palaeontologica Polonica, 46, Nr 4, S. 519–532, Warschau 2001

FOTH, Christian / TISCHLINGER, Helmut / RAUHUT, Oliver W.: New specimen of Archaeopteryx provides insights into the evolution of pennaceaous feathers. Nature, Band 511, Nummer 7507, London, Juli 2014

FRICKHINGER, Karl Albert: Die Fossilien von Solnhofen, Band 1, Korb 1994

FRICKHINGER, Karl Albert: Die Fossilien von Solnhofen, Band 2, Korb 1999

GEBAUER, Eva: 10 x *Archaeopteryx*: was und die einzelnen Funde erzählen! Museumspädagogische Reihe der Senckenbergischen Naturforschenden Gesellschaft 1, S. 1–28, Frankfurt am Main 2007

HECHT, Max K. / OSTROM, John H. / VIOHL, Günter / WELLNHOFER, Peter: The Beginning of Birds. Proceedings of the International Archaeopteryx Conference, Eichstätt 1984

HELLER, Florian: Ein dritter *Archaeopteryx*-Fund aus den Solnhofener Plattenkalken von Langenaltheim, Erlanger Geologische Abhandlungen, 31, Erlangen 1959

KUHN, Oskar: Die Tierwelt des Solnhofener Schiefers, Wittenberg Lutherstadt 1977

MALZ, Heinz: Solnhofener Plattenkalk: Eine Welt in Stein, herausgegeben von Dr. Theo Kress, Maxberg 1976

MAYR, Franz Xaver: Ein neuer *Archaeopteryx*-Fund, Paläontologische Zeitschrift, 47, Stuttgart 1973

MAYR, Gerald / POHL, Burkhard / PETERS, D. Stefan: A Well-Preserved *Archaeopteryx* Specimen with Theropod Features, Science, 310, 1483–

1486, Washington 2005
MAYR, Gerald / HARTMAN, Scott / PETERS D. Stefan: The tenth skeletal specimen of *Archaeopteryx*. Zoological Journal of the Linnean Society, 149, Nr. 1, S. 97–116, London 2007
MECKL, Manfred: *Archaeopteryx*. Ein befiederter Dinosaurier wird als Stammvater der Vögel entlarvt, Fürstenfeldbruck 1995
MEYER, Hermann von: *Archaeopteryx lithographica* (Vogel-Feder) und *Pterodactylus* von Solenhofen, Neues Jahrbuch für Mineralogie, Geognosie, Geologie und Petrefaktenkunde, S. 678–679, Stuttgart 1861
OSTROM, John H.: *Archaeopteryx*: Notice of a new specimen, Science, 1710, Washington 1970
PROBST, Ernst: Deutschland in der Urzeit. Von der Entstehung des Lebens bis zum Ende der Eiszeit, München 1986
PROBST, Ernst: Rekorde der Urzeit. Landschaften, Pflanzen und Tiere, München 1992
SAUTER, MARTIN: Der Urvogel *Archaeopteryx*, München 2010
SCHARF, Karl-Heinz / TISCHLINGER, Helmut: Urvögel, Praxis der Naturwissenschaften – Biologie, Köln 1998
STEINER, Walter: Europa in der Urzeit, München 1993
STEPHAN, Burkhard: Urvögel, Wittenberg Lutherstadt 1979

TISCHLINGER, Helmut: Vom Leben und Sterben der Urvögel – Palökologie und Taphonomie der *Archaeopteryx*-Funde, Praxis der Naturwissenschaften Biologie in der Schule, 47. Jahrgang, Heft 5, S. 3–10, Hallbergmoos 1998
TISCHLINGER, Helmut: Der achte *Archaeopteryx* – das Daitinger Exemplar, Archaeopteryx, 27, S. 1–20, Eichstätt 2009
TISCHLINGER, Helmut: Neues vom *Archaeopteryx*. Auch nach 150 Jahren ist der Urvogel eine Ikone der Evolution, Praxis der Naturwissenschaften, Biologie in der Schule, Heft 4, 60. Jahrgang, S. 6–13, Hallbergmoos, Juni 2011
TISCHLINGER, Helmut / UNWIN, David: UV-Untersuchungen des Berliner Exemplars von *Archaeopteryx lithographica* H. v. Meyer 1861 und der isolierten *Archaeopteryx*-Feder, Archaeopteryx, 22, S. 17–50, Eichstätt 2004
WELLNHOFER, Peter: Das fünfte Skelettexemplar von *Archaeopteryx*, Palaeontographica, A 147, Stuttgart 1974
WELLNHOFER, Peter: *Archaeopteryx* – Der Urvogel von Solnhofen, München 2008
WELLNHOFER, Peter / TISCHLINGER, Helmut: Das „Brustbein" von *Archaeopteryx bavarica* Wellnhofer 1993 – eine Revision, Archaeopteryx, 22, S. 3–15, Eichstätt 2004

BILDQUELLEN

Klaus Benz, Fotograf, Mainz-Laubenheim: 86

Dr. Helmut Tischlinger, Stammham
(Fotos vom Originalfund des elften Urvogels): 59, 61

Reproduktion aus: PROBST, Ernst: Deutschland in der Urzeit (1986),
Gemälde von Fritz Wendler (1941–1995): 19

Reproduktion aus: PARKES, Kenneth C.: Speculations on the origin
of feathers, Ithaca 1966,
Gemälde von Rudolf Freund,
mit freundlicher Genehmigung
des Carnegie Museums of Natural History, Pittsburg: 10

Reproduktion eines Fotos von Giacomo Brogi (1822–1881): 34 unten

Reproduktion eines Fotos vor 1869: 20

Reproduktion eines Fotos vor 1871: 28 oben

Reproduktion eines Fotos vor 1896: 34 oben

Reproduktion eines Gemäldes: 66

Reproduktion eines Gemäldes um 1613: 79

Reproduktion eines Porträts um 1835: 28 unten

BÜCHER VON ERNST PROBST

Das Mammut

Der Höhlenbär

Der Ur-Rhein

Deutschland im Eiszeitalter

Dinosaurier von A bis K

Dinosaurier von L bis Z

Höhlenlöwen. Raubkatzen im Eiszeitalter

Johann Jakob Kaup. Der große Naturforscher aus Darmstadt

Rekorde der Urzeit
Landschaften, Pflanzen und Tiere

Rekorde der Urmenschen
Erfindungen, Kund und Religion

Säbelzahnkatzen. Von Machaidus bis zu Smilodon

Bestellungen bei www.grin.com

BÜCHER VON ERNST PROBST

Die Frühbronzezeit in Deutschland

Die Mittelbronzezeit in Deutschland

Die Spätbronzezeit in Deutschland

Die Aunjetitzer Kultur in Deutschland

Die Hügelgräber-Kultur in Deutschland

Die Lüneburger Gruppe in der Bronzezeit

Die Stader Gruppe in der Bronzezeit

Die nordische Bronzezeit in Deutschland

Die Urnenfelder-Kultur in Deutschland

Die Lausitzer Kultur in Deutschland

Bestellungen bei: www.grin.com

BÜCHER VON ERNST PROBST

Julchen Blasius. Die Räuberbraut des Schinderhannes

Könginnen der Lüfte in Deutschland

Königinnen des Films

Königinnen des Tanzes

Königinnen des Theaters

Malende Superfrauen

Pompadour und Dubarry. Die Mätressen von Louis XV.

Christl-Marie Schultes. Die erste Fliegerin in Bayern
(zusammen mit Theo Lederer)

Tony und Bruno Werntgen. Zwei Leben für die Luftfahrt
(zusammen mit Paul Wirtz)

Bestellungen bei: www.grin.com

BÜCHER VON DORIS PROBST

Weisheiten und Torheiten über das Alter

Weisheiten und Torheiten über die Arbeit

Weisheiten und Torheiten über die Ehe

Weisheiten und Torheiten über Frauen

Weisheiten und Torheiten über Kinder

Weisheiten und Torheiten über die Liebe

Weisheiten und Torheiten über Männer

Weisheiten und Torheiten über Mütter

Der Ball ist ein Sauhund
Weisheiten und Torheiten über Fußball
(zusammen mit Ernst Probst)

Worte sind wie Waffen
Weisheiten und Torheiten über die Medien
(zusammen mit Ernst Probst)

Bestellungen bei: www.grin.com